親子中醫診所
創辦人
黃子玶
合著
親子中醫診所
院長
余兆蕙

39個抗疹X抗敏X抗流感
吃好X睡好X長高高的體質特調生活處方

兒科中醫師的育兒經

Contents

目錄

第三章 食育，創造好食欲！

Contents

目錄

Contents

目錄

拆解育兒常見疑問，提供的體質特調處方

黃子玶

身為兩個孩子的母親，跟全天下的媽媽一樣，無時無刻都掛念著寶貝的身體狀況，除了擔心「孩子生病了，是否能夠趕快恢復健康」，也想著「該如何用各種內服外用的方式，來強健孩子的體魄」，看到聽到什麼有用的好方法，就想著能不能用在自己的孩子身上。但在這個資訊發達、網路分享容易、街坊鄰居熱心、親朋好友好意的時代，眾多的「撇步」，反而讓人無所適從。

在門診經常和家長們聊起這樣的心得，診所的媽媽醫師們，同樣也很有共鳴，心想著，我們學習了中西醫學的博大精深，了解在孩子養育照護方面，古籍中就有很多珍貴寶藏，提點許多從日常就該注意的小細節，並透過養生保健，從最根本去幫助孩子「調整體質」，進而讓孩子能夠免於疾病之苦。因此，我們收集爸媽常遇到的共同問題，從各個面向一一剖析，完成這本育兒經。

孩子剛出生時，就像一張白紙一樣地來到這個世界，因為不同的生活習慣，

造就了孩子們的根本體質。面對愈來愈嚴重的PM2.5威脅、冷熱溫差的急遽變化、各種大環境的迅速變遷，想要有強健的體魄安然地度過，全都仰賴主要照顧者有沒有從孩子小時就好好「固本」，有沒有在成長過程中正確的「照顧」。

這本書提供的就是養護孩子所需的各種知識。孩子並非大人的縮小版，在隨時蓬勃發展的生長中，尚未成熟發育的脆弱臟器，透過基本中醫概念，及中醫特色養生法，好比按摩推拿、穴位敷貼等，可以增強體質，讓孩子吃好睡好也長高。比起生病後才以藥物進行治療，平時不妨準備適合孩子的藥膳、全身都能照顧周到的小兒捏脊法、保健眼睛的護眼穴位按摩操等。從日常小細節中一點一滴累積，讓孩子健康順利地成長，並非難事。

「有一種好叫做媽媽為你好！」「有一種冷叫做媽媽覺得你冷！」家長以為最好的，不見得適合、正確。這本書裡，拆解許多育兒常見迷思與疑惑，像「是好動還是過動」「明明吃超多卻瘦巴巴」等，因為都曾於臨床上碰到，就試著把專業中醫知識用簡單易懂的文字詮釋，把造成孩子問題的問題分析，並提供「體質特調的生活處方」，希望更貼近每一位父母，好讓育兒路上更得心應手。

余兆蕙

生活中不起眼的小事情，可能大大影響身體的狀況

我是中醫師，也是兩個孩子的母親，醫師與媽媽的雙重身分，讓我在「中醫x育兒」的領域，有著許多不同的經驗與體會，更因此而不斷地出現火花，讓我有機會反思：如何能讓孩子在自然、簡單、無外力的介入下，好好長大。所幸，我所學的「中醫」就是提倡天人合一，陰陽平衡的自然養生概念，而我所擅長的「中醫兒科」有著許多原則、概念，讓我在照顧孩子的過程中，有個依循，並逐漸發現，原來這些對每位孩子的主要照顧者，不論是爸媽、祖父祖母、外公外婆、保母等，都相當重要。因此，開啟了寫作的念頭。

在門診常常被詢問「孩子為什麼常生病？」「為什麼別的孩子都不會怎樣怎樣，只有我的孩子會？」「做爸媽的應該怎麼辦？」老實說，不仔細從孩子日常瑣事（如吃得如何、睡得如何、活動情況、家裡狀況）去了解，很難精準地回覆這類的問題。因為「日常」就是「體質」的來由，也就是說，生活中的小事可能大大影響孩子的身體狀況，如果能從生活細節去調整，就可以讓孩子養成比較好

的體質。這是大家都希望的，也是書中所提倡的中醫衛教保健觀念。除此之外，書裡針對各式各樣、五花八門的坊間中醫育兒說法，也提供了建議，希望正確的觀念能漸漸讓大眾所知，而不要只是「誤傳」或「誤解」。

身為孩子的照顧者，誰都希望孩子可以健康、平安地長大，能不吃藥就不吃藥，能長得又高又壯，體格佳更好。然而，育兒觀念百百種，信者恆信，不信者拉倒，這本書，並非用來說服各位父母或照顧者，而是想要提倡觀念，釐清迷思，教導讀者「如何從日常生活中的簡單小事，讓孩子順利的發育」。畢竟，每個孩子都是獨特的，每位爸媽也都希望給孩子最好最棒的，但別忘了也要給最正確、最適合的。

由於在照顧自己孩子過程中，發現中醫專業提供我許多幫助，也希望藉此幫助更多父母，書裡分享了「中醫x兒科x育兒」的心得感想。這將是一本讓爸媽育兒之路更順暢，孩子成長之路更為健康的育兒書。

我們本著醫者心，提供中醫育兒的建議與原則，讓家長或主要照護者擔憂與忐忑的心，可以獲得依靠，讓每個孩子都能成為喜悅 、健康 、快樂的孩子。

作者

黃子玶 宋兆蕙

第一章
中醫育兒先知道！

01 幾歲的孩子才可以看中醫？

「我的孩子剛滿三歲，最近去上幼兒園後就反覆感冒，雖然持續有去看西醫，卻一直好不了，經常出現打噴嚏、流鼻水的症狀，我也不知道這樣子算不算過敏。我應該改帶他來看中醫嗎？那麼小的孩子可以看中醫嗎？」

年齡不是問題，中醫也有小兒科

每個孩子都是父母的心肝寶貝，對於孩子的健康更是從小小孩的時期，就開始重視與把關。當孩子身體出現狀況時，多數的父母總是急得像熱鍋上的螞蟻，迫切地尋求最佳的解決之道。在臨床門診上，就經常碰到像案例所說的焦急家長，即使想讓孩子「換中醫」試看看，卻對於「幾歲的孩子才能看中醫」存有疑慮，甚至因此卻步不前，遲遲沒有嘗試。

不論是「中醫」或「西醫」都是一種醫療方式，都是透過專業的診察，針對患者的病況做出診斷與治療，並沒有哪一種比較好，或哪一種比較不好，只有適不適合與習慣不習慣。所以不管是幾歲的孩子，只要有身體上健康上的問題，都可以透過中醫的治療來給予協助。

最主要的關鍵是，找到一位適合孩子的中醫師。找「適合孩子」的中醫師，考量的因素可就廣了，包括醫師要對孩子的味（讓孩子不會拒絕進診間）、醫師的專長項目、醫師對孩子體質的熟悉度等，當然，臨床的訓練也要一併斟酌。其實，在中醫治療方法中，「中醫兒科」是非常獨特的一門。很多人都知道，中醫的發展歷史悠久，醫學基礎大概在二千年前就形成，不過，大概很少人知道，中醫的兒科也很早就被獨立出來了。

根據相關文獻的記載，早在距今約一千五百年左右的隋唐時期，太醫署（即中國第一所由國家主辦，制度較以往健全，分科分工較為明確的醫科學校）就設立了「少小科」。少小科指的就是兒科。而且不僅僅是把「中醫兒科」獨立分科，還規定在學習五年之後，必須通過考試才能成為正式兒科醫師。可見古代醫學對於兒科的重視與謹慎。

而現今醫學院的中醫系，同樣有把「中醫兒科」視為單獨的一個學門，透過系統化的學習，將中醫醫學知識與兒科特有知識連結，來訓練兒科中醫師。**兒科中醫師是專門針對18歲以下的患者做診療，其中包括嬰幼兒、兒童與青少年**。這都是為了讓中醫兒科可以更專業化。

別把兒童視為成人的縮小版

中醫之所以會把兒科獨立出來，最主要的因素是在預防保健、生理、病理、病情反應、生長發育等，兒童（含嬰幼兒與青少年）和成人各有其特性，不應該把兒童視為成人的縮影，而是要用更適合孩子體質特性的模式來處理，以免不當診療使情況加重，或錯過治療的黃金期。

以中醫的立場來看，大部分兒童的體質特點是「稚陰稚陽」。「稚」指的是身體正處於稚嫩、不成熟的發展狀態。「陰」通常是指生理的有形物質，包含臟腑形態結構、四肢軀幹、筋肉骨骼等。「陽」則是指體內器官的各種活動。

簡單來說，**稚陰稚陽就是指孩子的身體處於一個「尚未成熟」的狀態。當身體或器官還沒有發育完整，就很容易受到外界環境、飲食或生活習慣的影響。**比起成年人，孩子的感受性確實高出許多，因此常出現病症。像是明明都待在同樣的場合，呼吸相同的空氣，孩子受病菌感染的機會卻高出許多。

另一種孩子的體質特點則是「純陽」，專指孩子的發展迅速、生長旺盛的狀態。也正因為此時人體處於一個持續成熟、發育蓬勃的模式，所以身體的修復能力與自癒能力都好，即使出現疾病狀態，只要用藥得當，想康復並不困難。臨床上對這類體質的孩子在用藥上相對「輕巧」，不需要太複雜或太重的藥方，只要對症治療，就能達到「隨撥隨應」的良好治療效果。

衛教更勝醫療的中醫兒科

孩子可能會因為年紀小、經驗不足或陳述方式不佳，加上某些病症通常在感受上比較抽象，且孩子平日也不太會去留意或記錄健康狀況，以致對於自己的臨床病症表達有所局限，難以精準用言語說出身體的哪裡不舒服、如何不舒服，這也讓中醫兒科又被稱為「啞科」。尤其又指三歲以下的嬰幼兒階段。與其「問」孩子哪裡不舒服，兒科中醫師更習慣用看的用摸的。如透過相處聊天的當下，觀察外在症狀，或透過把脈、看舌象或面色等進行各種診察並判斷狀況。

中醫兒科的醫師不只醫術要精進，還必須具備敏銳的觀察力，及對孩子的同理心與體貼力。為了確實得知孩子的病症，得使出十八般武藝，才能在看似跟孩子玩耍溝通的同時也在診療。大家都當過小孩，都知道年紀小最怕的就是看醫生、吃藥和打針。中醫雖然沒有打針、吸鼻涕的壓力，但還是會盡量跟孩子「搏感情」，唯有打好關係，才能降低孩子的恐懼感，提高他們的信任感。

除了要給予疾病正確治療，讓孩子免於疾病之苦、恢復元氣外，協助調整體質更是「親子中醫」特別注重的。舉凡各種兒童需要注意的養生技巧與保健概念，都會因應每個孩子所需，不厭其煩向家長建議，畢竟「衛教勝於醫療」，**建立正確生活方式，掌握應該就醫的時機，才是讓孩子減少疾病、持續健康、順利成長的關鍵。**

02

日常就能用的中醫育兒觀

「每次帶孩子去看中醫，都只能拿一堆藥粉，讓孩子一直吃，可是都不知道要吃到什麼時候。而且餵孩子吃藥真的很難，難道中醫就只能用藥粉來治療嗎？我們日常生活中，還可以做什麼來照顧孩子呢？」

中醫沒大家想的那麼傳統

傳統概念中，中醫師似乎就只能透過望聞問切來了解患者狀況後開藥方，導致看中醫的孩子長期得吃中藥。這樣一來，爸媽當然一個頭兩個大啊，因為中藥粉通常都很大包，而且味道難聞又苦，孩子怎麼吃得下去。其實，現在醫學進步發達，**許多疾病都可以結合現代診療儀器，如聽診器、X光、抽血分析等，讓中醫師進行更精確的診察，或提供治療前後改善的數據，讓家長更安心也更能反映治療成效。**不過，治療的關鍵還是在於能掌握孩子疾病的特質，及透過日常的保健養護來顧好孩子的體質。

孩子從出生之後到身體器官發育完成之前，生理方面一直處於一個不斷生長進步、日趨於成熟的不穩定狀態，依照中醫的理論而言，這種狀態跟兒童會發生的某些疾病種類息息相關。透過明代兒科名醫萬全所提出，「小兒肝常有餘，脾常不足，心常有餘，肺常不足，腎常虛」的論述，並與現在孩子常見的狀況整合在一起，就能簡單獲得驗證。

其中「肝常有餘」「心常有餘」的生理特性，經常表現在神經調節、情緒或睡眠等方面，像是好發在3～7歲小小孩身上的夜驚（night terror）等心神不安或肝火旺盛的症狀。而「脾常不足」「肺常不足」「腎常虛」等生理特性，則可以理解成小小孩由於呼吸系統、消化系統、代謝系統或生殖系統的成熟速度較慢，因此經常會出現感冒、咳嗽、氣喘等呼吸系統疾病，或消化系統受影響而有厭食、飲食停滯、消化不良等狀況，生殖或代謝系統則與生長發育、尿床等問題有很大的關係。

養好小兒體質的中醫保健觀

每位家長都希望能養好孩子體質，針對這一點，從中醫角度建議，可以朝幾個方面來努力，包括運動、營養（飲食）與早睡。其實，古代醫家針對小兒體質的特點，歸納了不少小兒保育保健的觀點，以下幾項不只適用於現代社會，還與育兒專家所提出的忠告不謀而合。

留意溫度的變化與衣著的搭配

南宋著名醫家陳文中在《陳氏小兒病源方論》提出的「養子十法」，寫到背暖、肚暖、足暖、頭涼、心胸涼等原則，就是強調衣著要適切，過多或過少都不好。如小小孩睡覺時，習慣性踢被子，家長擔心著涼，整晚都要多留意、幫忙蓋被子，親子睡眠品質難免受到影響。就中醫觀點來看，與其大人小孩都睡不好，不如直接讓孩子穿著適厚衣服入睡。可不是全身包緊緊的就好，穿太多反而會造成孩子不適。善用背心、腹圍、肚兜、襪子等，更能有效針對孩子的背部、腹部、足部進行保暖。

進行適度且適量的戶外運動

古代醫者主張孩子應該要睡眠充足，並在氣候宜人的時候，多多到戶外接觸陽光與空氣。如文獻裡就曾經予以建議，說「宜時見風日，若都不見風日，則令肌膚脆軟，便易損傷。凡天和日暖無風之時，令母將抱日中嬉戲，數見風日，則血凝氣剛，肌肉硬密，堪耐風寒，不致疾病」，此見解和現代專家的育兒觀點，可以說是非常符合。

保持精神平靜、心情愉快

由於小兒的五臟六腑「成而未全，全而未壯」，且所受到的外界刺激多半是第一次，應付能力自然不足，所以保持小兒精神安靜，非常重要。文獻記載就有說到，「小兒忽見非常之物，或見未識之人，或聞雞鳴犬吠，忽見牛馬等畜，或嬉戲驚駭，或忽聞犬聲因而作搐者，緣心氣成虛而精神離散故也」，就是指孩子容易受到周遭環境影響而驚嚇，特別是剛出生的嬰兒更要多加留意，維持所處場合的安靜與舒適，對於促進大腦發育有極為重要之影響。

餵養要適當，不宜過飢或過飽

俗語說的「能吃，就是福」，很可能是導致育兒NG的錯誤觀念。畢竟再怎麼好的食物，吃多了也可能出現營養過剩的反效果。在餵養方面，中醫強調的是「若要小兒安，得受三分飢與寒」。也就是說，飲食不只要適當，更要適量，不需要強迫餵食或刻意限制，別讓孩子處於過飽或過飢的狀態。就像穿衣服也是一樣的原則，自以為是為孩子好，習慣性幫他穿多（厚）一點，結果反而讓孩子過熱流大汗又吹風，這往往是著涼的主要原因。

由內而外和由外而內的療法

當孩子真的身體不適，中醫能夠提供的治療方法其實很多元。透過各種不同的作用方式，由內而外去調理，由外而內去加強，並針對不同疾病，為孩子選擇最適切的型態。中醫兒科常見的治療方式，包括以下幾種。

中藥

將中藥粉在水中調勻成藥湯，再讓孩子服下。對孩子來說，這算是最簡單也最常見的中醫治療方式。考量孩子吞食的接受度，與大人餵食的方便性，兒科中醫師會盡量針對體質選用氣味不重、藥性平和的藥物，藥量也會特別斟酌，所以大部分的孩子都能夠欣然接受。

穴位敷貼

穴位敷貼療法最常應用在氣喘與過敏體質的治療，如夏季的「三伏貼」與冬季的「三九貼」。此療法主要是把中藥粉加水混合後，製做成一塊塊的藥餅，再視疾病種類，貼在相應的穴位上，讓藥物經皮吸收，以達到內病外治的效果。穴位敷貼療法由於直接接觸皮膚，可能會出現皮膚搔癢或發紅的表現，不過大部分的孩子尚能接受。

推拿

小兒推拿可以使身體經絡得以疏通，氣血運行順暢，進而達到防病治病的目的。像是「捏脊療法」就有預防感冒、增強體質的功效。而且有很多推拿手法並不難，家長在家裡就能操作，透過輕柔按壓的方式，不僅可以促進孩子的健康，還能增進親子間的親密感。

針灸

針灸療法是利用針刺穴位的方式進行治療，這種方式對孩子來說比較「可怕」，接受度相對較低。不過，針灸療法對於神經方面疾病的治療效果很好，所以針對這類的患者也經常使用。透過良好的溝通，大孩子也多半能接受。

藥浴、藥膏

將中藥煎煮之後，外敷在皮膚疾病的患處，或透過藥物來進行洗浴、浸泡，兩者都能促進局部的吸收，也是中醫的特色治療方法之一。因為孩子的肌膚較薄嫩、角質層較少，藥物可以直接透過皮膚吸收，達到預期的治療效果，對難以餵藥的孩子來說，是很適合的治療方式。

03

我家孩子不敢吃中藥！

「小小孩會願意把藥粉吃下去嗎？」每次門診到最後，家長都會提出相同疑問。

的確，再怎麼對症開藥，孩子無法入口也是白搭。餵藥是件苦差事，餵服中藥粉更是。其實，把握一些小撇步，就能提高孩子配合度！

讓孩子知道「吃中藥不可怕」

說「良藥苦口」，大孩子還聽的懂，捏著鼻子就認命吃下去，但小小孩可不是這麼好應付，大概三催四請、左閃右躲，還是會對中藥說「不」吧。實際上，有些中藥固然味苦，但在適當引導下，要入口並不難。最重要的是，大人千萬不要逮到機會就灌輸孩子「藥很難吃」「藥很苦」的觀念，或用「不穿衣服就要看醫生喔」「感冒就要吃藥喔」來威脅，讓孩子心生恐懼。

家長可以直接跟孩子掛保證「中藥不難吃」，因為**專業中醫兒科醫師在開藥時，通常會考量孩子服藥口感，特別留意所使用的藥材的氣味，味道太濃或太苦的，若非必要是不會開給孩子吃的。**所以請務必試著讓孩子了解，「這些是醫生特別挑過的藥，味道不會不好聞，也不會不好吃喔」。餵藥時，則可以透過表情或肢體反應來判斷孩子服藥後的感受，接著再慢慢地引導。最好的引導方式，就是家長「親身示範」。簡單來說，就是陪伴孩子一起服藥，大人不妨先嘗試喝一小口給孩子看，讓孩子感受到安全感，這樣一來，藥物就更容易入口了。

「餵藥好幫手」助家長一臂之力

倘若孩子仍然抗拒吃藥，不妨在服藥後搭配少許的果糖或蜂蜜，來蓋掉嘴裡的藥味。餵藥時，把藥物（粉）放在小藥杯中，用少量溫水調混成膏狀或液狀，再另外準備一杯白開水或蜂蜜水，讓孩子在服藥後馬上能飲用，避免藥物味道殘留口中而難以下嚥。不過，**因為蜂蜜在製造或加工過程，有肉毒桿菌汙染之疑慮，所以不建議未滿一歲的嬰幼兒添加蜂蜜。**

選擇適合的餵藥容器，也是協助餵藥的「好幫手」。對於還不太會吞嚥的嬰幼兒，可以使用「空針筒」或「小滴管」等，這類容器便於沿著嘴角側邊慢慢餵入藥液，此時，建議讓孩子採斜躺姿勢，有助於藥物流入，並幫助吞嚥。其他像是湯匙、藥杯或市面上就有販售的餵藥器，則適用於熟悉吞嚥動作或一歲以上的幼兒。這個階段的親子互動，已經由嬰兒時期的單向逐漸轉變為雙向了，家長或照護者可以一邊和孩子玩遊戲，一邊鼓勵服藥，這樣一來，雙方的情緒也不會過度緊張。總之，要嘗試建立孩子好的服藥態度。

避開NG餵藥法，吃中藥不NG

餵孩子吃藥真的是一件苦差事，餵服中藥粉更是如此，因為中藥獨特的氣味，有時可能連大人都招架不住，更別說是小孩子。不過，如果為了讓孩子把藥吃下去而不擇手段，搞不好藥沒吃成，還會讓情況變得更嚴重，甚至造成孩子心中的陰影，對藥物與醫師產生不良的印象。以下特別針對臨床門診時，家長常有的疑慮，歸納出幾個餵藥時應該注意的事項。

不要捏住鼻子強行灌藥

強行灌藥是一種非常危險的行為，過程中爸媽其實很難去管控強迫的程度。即是在餵藥時，孩子始終雙唇緊閉，說什麼也「開不了口」，還是要避免捏住孩子的鼻子，並趁他不得不張開嘴巴呼吸的時候，以強硬手段進行灌藥。雖然說，這樣能把藥物順利的送進口中，但此時此刻孩子肯定正在大哭大鬧、拚了命地掙扎著，一不小心就很可能造成藥物嗆入氣管，引起肺部感染，甚至有窒息的危機。因此家長千萬要多留意。

隨時留意孩子服藥（後）的情形

餵（吃）藥的過程中，倘若孩子有嗆咳或吐藥表現時，家長應該立即停止餵藥，並輕拍孩子背部，幫助藥液咳出氣管。中藥的過敏雖然極為少見，還是有少部分的患者可能出現皮膚長紅疹等不適，家長在孩子服藥過程中可以多留心原本症狀的改善程度，以及是否有新發生的症狀。

不要把藥物加進牛奶或食物中

若想淡化中藥味可以在服藥後，搭配少量的果糖或蜂蜜，但千萬要避免把藥物直接和入孩子的牛奶或食物中。畢竟藥物特有氣味與食物混合後，食物恐怕也不是這麼美味了。要是孩子察覺，搞不好造成連食物都拒吃的窘境。

要發揮耐心與同理心

人在生病時，生心理都很不舒服，大人應該將心比心，給予最多的包容與關懷。這時，言語的威嚇或肢體的逼迫都只是讓孩子對吃中藥這件事留下不愉快的印象，以後只會避之惟恐不及，或可能透過狂哭或嘔吐的方式來抗議。

適時尋求其他的替代方式

餵藥遇到問題時，務必記得和醫師好好商擬對策，也許可以在劑量上與藥材上做些調整，好讓孩子慢慢地去適應，進而能夠主動且順利的服藥，以幫助孩子的病情愈來愈好轉。萬一所以的方法都嘗試過了，孩子卻始終無法接受口服的藥物，也沒關係，中醫還有很多其他的治療方式，像是穴位按摩、外用藥物等，都可以達到不錯的治療效果。

第二章

好體質養成計畫！

04

原來中藥這樣煮（補）！

小鈺媽媽看完診後，不好意思地回頭詢問。

「醫師，小鈺這麼瘦，又常感冒，我想自己燉煮些中藥給她喝。賣場看到的四物湯、四神湯或十全大補湯，哪種適合她呢？而且我應該怎麼煮才不會影響藥材功效呢？」

煮對了嗎？食補中藥燉煮法

隨著物流資訊的進步，生活變得便利許多，市面上不難見到一般食補中藥材，一包包藥材已經搭配妥當，份量也符合一般家庭的商品，省去消費者不少到中藥房「抓藥」的時間。但又應該如何燉煮才正確，才能讓藥材發揮最好的功效，這也是一門重要的學問喔。

正所謂「工欲善其事，必先利其器」，選擇一個好的煎藥器具是很重要的。**煎煮中藥時，使用能受熱均勻的容器是最好的，尤其推薦陶鍋、瓷鍋或不鏽鋼鍋。不建議使用鋁鍋、鐵鍋、銅鍋等金屬製鍋具。**因為在燉煮過程中，容易因為金屬離子產生化學反應而影響藥效的發揮。不過，現代人的生活多半很忙碌，若用傳統陶瓷鍋來煎煮中藥，每煮完一帖中藥就得花上大半天的時間，再加上洗鍋子、處理藥材廚餘等，對上班族爸媽而言，恐怕是一種壓力與困擾。不用擔心，利用家裡的電鍋和不鏽鋼內鍋，依照下列步驟，就能在短時間內，輕易完成幫孩子調補身體的夢想。

陶瓷鍋煎煮中藥5步驟

①**冲：**將藥材用清水沖洗。把灰塵或泥土沖掉即可，不需刷洗或用力搓揉。

②**泡：**把藥材放入煎煮容器中，加常溫自來水至淹過藥材，浸泡30～60分鐘。

③**煮：**浸泡完成後，水不必倒掉，直接開大火煎煮。煮到鍋水滾沸，再轉小火煮約20～30分鐘後關火。

④**瀝：**將鍋中藥液瀝出（藥材不用取出）後，再注入清水直接煮第二次，水量可以少於第一次（重複③、④）。第二次煮好後瀝出藥液，將藥材丟掉。

⑤**混：**把第一、第二次煎煮後瀝出的藥液混勻，根據醫囑分次溫熱服用。

時間不夠用的「電鍋燉煮法」

①將藥材用清水沖洗。把藥材上的灰塵或泥土沖掉，不需刷洗或用力搓揉。

②把藥材放入電鍋不鏽鋼內鍋中，加水至淹過藥材，浸泡30～60分鐘。

③浸泡完成後，水不必倒掉。先蓋上內鍋鍋蓋，並在外鍋加三杯米杯的水量，再蓋上外鍋鍋蓋後，按下電源。

④待電源跳起，中藥燉煮就完成了。把藥液瀝出，根據醫囑分次溫熱服用。

補對了嗎？三大名湯進補法

大部分人對中藥界的三大名湯——「四神湯」「四物湯」「十全大補湯」，應該都不陌生吧。偶爾在夜市或市場的小吃攤，也能看到以此為基底的美食。其實，這三種湯都算是非常好的食補中藥，對於身體的調理有所助益。不過，並不是每一種體質、每一個年齡層、每一種健康狀況下都適合喝，尤其是「四物湯」和「十全大補湯」，最好要先參考醫師建議，再做適量的食用。

適合調補腸胃的「四神湯」

老少咸宜的「四神湯」又叫「四臣湯」，本是由茯苓、山藥、蓮子、芡實等四味藥所組成，不過，由於茯苓燉煮過後口感不佳，在不影響療效基礎上，有些四神湯會以薏仁代替茯苓（兩者的功效類似）。四神湯主治脾胃虛弱，具調補腸胃的功能，尤其能改善消化不良、經常性腹瀉與面色萎黃的情況，加上性味平和，不溫不燥，很適合全家大小一同享用。若再加入排骨和豬腸等一同燉煮四神排骨湯、四神豬肚湯，就成了餐桌上的一道美味料理了。

適合調經補血的「四物湯」

多數人對四物湯的印象，仍然停留在女子調補身體的名方，尤其是媽媽們年輕時候大概都在經期後喝過四物湯。其實，這帖藥方不只補血效果佳，亦有活血之功效，因此也適合血虛血瘀者，為跌打損傷使用。四物湯由當歸、川芎、熟地黃、白芍等四味藥所組成，其性溫潤滋膩，補血兼以活血，即使如此，並不是每位女孩的體質都適合服用，也不是每次月經後都可以喝，像是初經剛到的孩子，不見得需要藉由四物湯來調經補血。

適合冬日進補的「十全大補湯」

十全大補湯是由茯苓、白朮、人參、甘草、當歸、川芎、熟地黃、白芍、黃耆、肉桂等十味藥所組成。湯如其名，有大補氣血的功效，是氣血虛弱之人，在冬日進補的良方。不過，十全大補湯性溫燥，如果服用不當或太常飲用，體內容易化熱化燥，出現口腔乾澀、口瘡口破、失眠、便祕等上火的徵兆。像是「純陽體質」（指發展迅速、生長旺盛的體質）的孩子，便不適合經常性的溫補，當然就不建議大量飲用十全大補湯了。

燉煮前與進補前的注意事項

燉補中藥說起來並不特別難，只是中藥的運用是複雜的，不同配方和炮製煎煮方式，會產生不同功效或化學反應。所以無論是食補或藥補，中藥畢竟還是「藥」，服用前最好先經過專業中醫師的評估，才能獲得最佳的處方與建議。在購買藥方時，記得先詢問藥帖內的藥物的燉煮順序，像是「哪些藥可以同時煎煮」「哪些藥要『先煎』，哪些藥要『後下』」「先煎的要煎多久，後下的何時才能放入」等，這樣一來，才不會因為一時的不留意，影響藥物的功效。

熬好藥湯後，建議當日飲畢，若無法在當天喝完，可放置冰箱但最多不要超過兩天。每次服用藥湯前記得先加熱，利用微波加熱、隔水加熱或電鍋蒸煮加熱的方式都可以，內服的中藥湯液溫熱後服用，效果更佳。一般燉補中藥在燉煮時，可以加入少量肉片、排骨或雞腿，讓藥湯更香更入味，孩子的接受度也會提高，但這種做法僅限於保健用途的食療配方，若為治療疾病的藥方，務必要詢問開立處方的中醫師，千萬別貿然加入其他食材。

05

中藥吃愈多，體質調愈好？

「我覺得我家孩子『體質』很虛，上幼稚園後，幾乎三天一小病、五天一大病。別人感冒他一定有份，別人沒感冒，他還是整天感冒。吃藥打針沒停過，吃也吃不好，睡也睡不安穩，我好擔心，想請醫生幫他『調體質』！」

體質來自先天遺傳與後天影響

就學術定義而言，**體質是「包含形態、生理及病理的內涵，是穩定的個體特徵，具有個體之差異性，受到遺傳和環境因素的影響，對致病因子之易罹性和發病的傾向性」**。簡單來說，孩子剛出生時就像是一張白紙，爸爸媽媽或主要照顧者像是畫家，生活或飲食等習慣則被當成畫筆，在孩子身上畫下不同色彩，逐漸養成孩子的「體質」。體質具有差異性，不同體質對疾病的感受力與發病程度都不會相同，就像「明明待在同樣班級，都接觸了感冒的同學，有的孩子會感冒，有的卻完全沒有症狀」。

舉例來說，一個孩子若吃太多冰品、飲料、瓜果等寒涼食物，就像是拿藍色顏料往白紙上塗，而且一筆一筆地累積，到最後整張紙都呈現藍色。這種孩子容易出現吃不下、怕冷、手腳冰冷等偏「虛」或偏「寒」的症狀。想要避免情況惡化，首要之急當然是調整飲食習慣，並適切地利用溫熱的飲食或藥物，矯正寒涼體質，像是拿著白色顏料往紙上塗上，讓紙張恢復一開始的白色。

倘若已有疾病發生，還是得靠藥物來輔助。以藥物來醫治孩子的疾病，就像是和孩子現有的「體質」色彩作戰，透過藥物的作用，試圖把紙上的髒汙抹除，讓孩子盡可能導向中醫所說的「平和」狀態，也就是不偏寒、不偏熱或過虛、過實的最佳狀態，回復到新生時那張純白無暇的白色畫紙。

我家孩子屬於哪一種體質？

中醫通常會將孩子的體質分為「偏寒型體質」「偏熱型體質」及不寒不熱的「平和型體質」。透過身體某些症狀或表現，家長就可以簡單檢視孩子的體質屬性。要是發覺家裡的孩子似乎又寒又熱，也不用太過緊張，就中醫觀點來說，生活習慣與飲食習慣的影響錯綜複雜，出現「本虛標實」「寒熱錯雜」的狀態，並非不可能。若真的不放心、想了解實際情況，建議要請教專業中醫師，透過望（看外觀）、聞（聽聲音與聞味道）、問（詢問相關症狀與疾病紀錄）、切（把脈或觸診）來做更全面的評估。

偏寒型體質

偏寒型體質的孩子通常精神活力比較差，面色偏白或淡黃，四肢末梢容易冰冷，稍微一活動就容易出汗，而且食欲稍差、食量相對較小，大便經常偏稀軟，睡眠狀態時好時壞，常感冒或有呼吸道系統的問題。

偏熱型體質

偏熱型體質的孩子通常精神好，時時充滿活力好，面色唇色皆紅潤。不過，情緒起伏大，容易躁動、發脾氣。怕熱。皮膚乾燥。四肢溫熱。食量相對較大。大便偏乾燥或像羊屎狀的顆粒。睡眠狀態不安穩，常踢被或哭鬧。有口臭、口瘡、舌瘡或皮膚上的痘疹膿皰。感冒時常有發燒或喉嚨痛症狀。

偏寒型
特性
精神差
面色偏白
四肢易冰冷
食欲不好
食量小
大便偏稀軟
睡眠時好時壞
常感冒

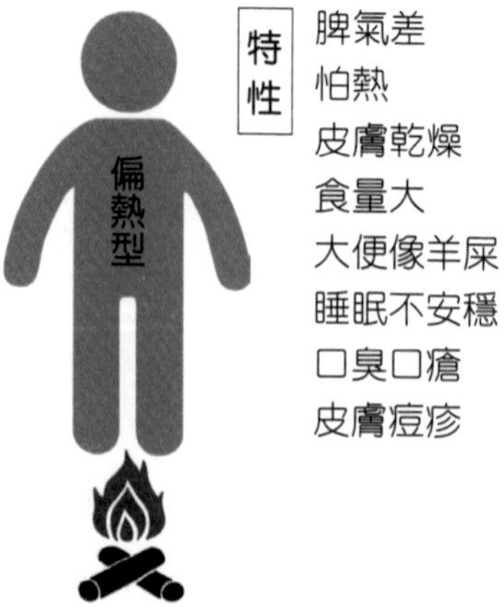

偏熱型
特性
脾氣差
怕熱
皮膚乾燥
食量大
大便像羊屎
睡眠不安穩
口臭口瘡
皮膚痘疹

體質平和型

平和型體質是大部分人努力的目標。這類體質的孩子精神好、活力好，雙頰淡紅潤澤，情緒穩定，膚況佳、不乾燥不濕黏。四肢溫暖。白天未活動時不出汗，夜間睡覺時不盜汗。食欲好，食量依年齡循序增加。大便時不費力、表情不脹紅，大便質地正常，味道不腥臭。睡眠安穩，不常感冒或生病。

東西吃對了，也可以調體質?!

中醫的觀點認為「藥有藥性」。藥物可以分為四性（寒性、熱性、溫性、涼性）和五味（辛味、甘味、酸味、鹹味、苦味）。食物也有特殊性質，相應於孩子常見體質，大致把食物分為以下三種性質。配合孩子體質的特色來食用，對於生理調理也有不錯效果。

溫熱性食物

溫熱性食物會使身體產熱作用增強，有提升體能的效果，體質虛寒的人可多加選用。不過，由於這類食物易引起口乾舌燥、便祕等上火症狀，因此燥熱體質或疾病屬急性發炎疾病的孩子應避免食用。

- **辛辣物**：辣椒、大蒜、薑、香菜、沙茶醬、洋蔥
- **燥熱物**：茴香、韭菜、肉桂、羊肉，與任何燻、炸、燒烤物
- **溫熱性水果**：龍眼、荔枝、榴槤
- **刺激性食物**：醃漬品、咖啡、咖哩、酒
- **常見補藥**：當歸、人參、麻油雞、薑母鴨、羊肉爐、十全大補湯、四物湯

寒涼性食物

寒涼性食物有使身體熱能及體能降低的作用，因此體質虛寒怕冷或有上呼吸道疾病、腸胃機能障礙的孩子，應該減少或避免食用。體質燥熱的孩子則可以適量選用涼性食品來降低身體的燥熱反應。

- **任何的冰品或冰飲**

- **水果類**：西瓜、水梨、柚子、葡萄柚、椰子（汁）、橘子、柿子、山竹、奇異果、番茄、香瓜
- **蔬菜類**：海帶、紫菜、竹筍、蘆筍、大白菜、蓮藕、綠豆、白蘿蔔、苦瓜、黃瓜、絲瓜、冬瓜、瓠瓜、空心菜、芹菜、萵苣、芥菜、茄子

平淡性質食物

這一類的食物不冷不熱，介於寒涼性與溫熱性之間，性質平和不偏，具有整健脾胃、促進胃口的作用。除非曾有過敏反應或其他特殊原因，大多數的孩子都很適合吃平淡性質食物。不過也得注意適時適量。

- **水果類**：番石榴、蘋果、葡萄、柳橙、木瓜、楊桃、甘蔗、李子、棗子、桑椹
- **蔬菜類**：蓮子、四季豆、豌豆、芋頭、紅豆、黑豆、黃豆、木耳、銀耳、山藥、馬鈴薯、青江菜、高麗菜、菠菜、紅蘿蔔、茼蒿、花椰菜、番薯、金針菇、甜椒、苜蓿芽
- **肉豆奶與主食類**：雞肉、魚肉、豬肉、排骨、雞蛋、豆漿、牛奶、白米飯

只靠藥補，體質變好遙遙無期

曾有個小患者被阿嬤架來診所「調體質」，問診得知這孩子每天都晚上11點才上床睡覺，喜歡吃冰、喝飲料，正餐吃不多，點心常是薯條、炸雞、甜甜圈。再問才發現，孩子的爸媽都是標準外食族，雞排、珍奶是宵夜標準配備，同時也是夜貓族，每天都忙到凌晨才入睡。久了，不只孩子愈來愈虛，大人也愈來愈累。很多家庭都像這樣，因為爸媽（或主要照顧者）影響，孩子建立了不健康的吃東西或作息，所以要把體質調好的關鍵，仍然掌握在這些大人的畫筆上。

家長常一到診就問「孩子中藥需要吃多久」。這是一定會產生的疑問，然而，時間長短得視孩子體質，沒有標準答案。但可以確定的是，光靠藥物調理，過程會很辛苦。即使藥物發揮最大功效，把色彩完全抹去，但不良習慣卻不斷上色，嚴重的話還可能變成疾病。調體質，藥補只是一個輔助。**不管「中藥」或「西藥」都是藥，沒有「有病治病，沒病強身」的道理。**一味用藥進補，可能造成孩子身體負擔。有效調整後天習慣與外在環境，才是調好體質根本之道。

06

捏出成長動力——小兒捏脊法

「我嘗試很多次，但他真的沒辦法吃藥，不管中藥西藥，一餵就吐，有沒有辦法可以幫幫他？」

眼前的媽媽抱著四個月大、進入厭奶期的兒子來門診，因為孩子好一陣子不喝奶，體重也開始下降，媽媽很擔心會影響發育。

全身都能顧周到的捏脊按摩

面對厭奶期或年紀比較小的嬰幼兒，不論是奶或藥，強硬餵食絕對是最不好的辦法。所以當時我除了建議這位媽媽利用副食品，增加身體所需的營養外，也教她透過「捏脊法」來改善孩子狀態。**捏脊，是一種傳統中醫兒科的特殊治療法，主要是透過揉捏、按摩背部的經絡，來達到治療與保健的效果。**

按壓相對應臟腑的穴位，便能有效舒緩孩子腸胃方面的問題，像是不喜歡喝奶或吃飯的厭食（奶）情形，或飲食過飽造成腸胃內有積滯。若有呼吸道方面的問題，也可以嘗試以捏脊方式來處理，如氣喘、過敏等，均能有所幫助。除此之外，捏脊的「安神」效果顯著，還能改善孩子夜間哭鬧和睡眠不安穩的問題。

在中醫學裡，認為背部屬於「陽」，脊椎位在背部的正中央，則為督脈之所在，其任務是總管身體陽氣的運行。脊椎兩旁的膀胱經，上面有五臟六腑對外的開口，稱之為「俞穴」。

透過捏拿脊椎督脈與膀胱經，能疏通身體的陽氣，有助於促進孩子身體的氣血運行，內部臟腑的功能也能得到調節。

在孩子的腰部是與腎臟功能相關的穴位，主管代謝系統。下背部是與脾胃功能相關的穴位，主管腸胃與消化系統。上背部則是與肺功能相關的穴位，主管呼吸系統。

【小兒捏脊按摩的重要穴位圖】

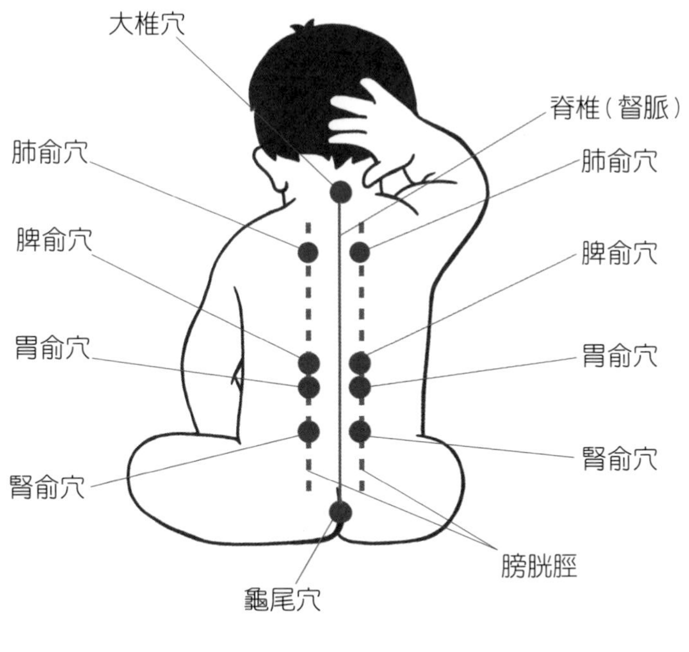

簡單3步驟，捏出成長原動力

吸收良好的腸胃與安穩充足的睡眠是幫助孩子順利成長的不二法門，更是增強孩子免疫力與抵抗力的最好方式。透過簡單三個步驟，就可以讓孩子好吃又好睡，還可增進親子間的親密感，各位爸媽是不是迫不及待要嘗試了呢！

準備動作

引導孩子兩腿伸直，放鬆趴在床鋪。家長側坐於床緣，以能夠輕鬆地按摩到孩子整個背部為主，調整到最舒適的位置與姿勢。若對象是小嬰兒，可以採雙腿伸直坐姿，讓寶寶頭朝大人膝蓋方向趴臥，有助降低寶寶的焦慮感。

暖身動作

先要找到脊椎兩側的膀胱經（位於肩胛骨內側與脊椎連線的中點）。不過，因為孩子的身體比較小，只要沿著孩子背部的脊椎兩旁，再簡單利用大拇指指腹，由腰部向上推揉至肩膀位置，由下而上重複十次即可。

捏脊動作

利用大拇指、食指和中指的指腹，將脊椎兩側的皮膚輕輕捏住，並向上提起，沿著膀胱經由下而上捏壓（參考下圖）。以大拇指的力量從孩子的腰部往背部、肩膀方向推，同時食指中指將捏起的皮膚固定好順勢向前，左右手交替捏提推進。捏到頸部後，再回到腰部位置，重複由下向上捏壓10次。

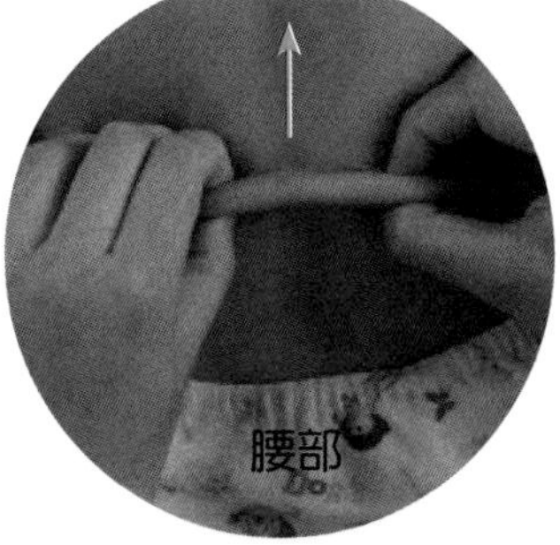

這時可以捏，這時務必先緩緩！

最適合捏脊按摩的時間點，是在孩子洗完澡之後。這個時候孩子身體還是暖和的，氣血運行通暢，不妨一邊幫孩子擦乳液滋潤皮膚，一邊幫孩子按摩。揉捏手法以輕快柔和為原則，每次推拿的次數沒有一定，可以根據孩子年齡大小、體質強弱而定，一般而言，孩子年齡較大或體質較弱可增加按摩次數。當然，最簡單的判斷方式，就是直接問孩子的感受，當他表示舒服的話，爸媽就多幫他按幾回吧。按摩後，記得讓孩子充足休息。

捏脊雖然是一種很好用很便利的特殊療法，但在某些情況下，還是會建議先暫緩按摩的計畫。第一種是**孩子的背部發炎或紅腫，不論任何原因造成的，這時的皮膚特別敏感，過度刺激容易加重發炎或紅腫狀態**，即使只有局部有狀況，也不太能按摩。另外，因為這個手法是屬於「補」性的手法，**當孩子發燒或罹患急性傳染病等身體發炎的狀態下也應避免，以免加重病況。**

父母在幫孩子捏脊的時候，可以配合播放輕柔的音樂，讓孩子在很放鬆的狀態下享受被按摩的樂趣。捏脊過程中更要注意環境的溫度，避免讓風直接吹到孩子的身體而受涼。捏脊的手法簡單又好用，從孩子出生之後，父母就可以藉由這個手法來強健孩子的身體。

07 遠離3C眼的護眼操與護眼飲

萱萱上小學後，第一次在學校做視力檢查，結果發回一張通知單，說萱萱可能有「假性近視」。

萱萱媽媽看到緊張的不得了，帶她來門診看感冒時，聊起了這件事，順便詢問有沒有可能藉由中醫，來改善萱萱的假性近視。

假性近視會變成真近視嗎？

近視是指平行光線經過角膜與水晶體後，折射聚焦於視網膜之前（正常視力的成像應該會落在視網膜上），使人出現「看近物清楚、看遠處卻模糊」的現象，為了能讓影像投射在正確的位置，一般會用近視眼鏡來矯正。至於，常聽到的「假性近視」是因為長時間看近距離物品，使睫狀肌過度收縮引起水晶體變厚所造成的短暫性近視。**要是沒有及時治療，做好視力保健，假性近視是可能演變成真正的近視的。**

生活在這個人手一機的「滑世代」，3C上癮的大人和孩子都非常多，但過度使用3C產品會對眼睛造成不小負擔與傷害，對視力造成不良影響的主要原因來自色彩鮮豔的螢幕，或亮度太高引發的眼部疲勞，其中發散的藍光能量強波長短，容易引起黃斑部病變。若是姿勢不良、近距離注視螢幕，使眼睛被迫要更用力來聚焦，眼睛肌肉不斷收縮則會造成酸澀或疲勞，長時間下來更會罹患近視，或使原有的近視、散光度數加深。

保護靈魂之窗，從「護肝」開始?!

從中醫的角度來看，「眼睛」跟「肝」有相當大的關係。跟多數人所認知的人體器官「肝臟」不太一樣，中醫所指的「肝」，不僅有肝臟，還包括跟情緒與代謝系統相關的範疇。中醫典籍中有不少記載，如「肝開竅於目」「目者，肝之官也」「肝氣通於目，肝和則目能辨五色」等，由此可見，**想要眼睛健康明亮，就需要肝血的滋潤，充足的肝血才能將營養輸送眼睛。**

一般來說，體內火比較旺的人，像是經常熬夜、睡眠不足，肝血就容易出現不足的情況。想要護肝的話，晚上最好不要超過十一點就寢，因為此時的氣血行走於肝膽，若持續熬夜讀書工作或通宵達旦作樂，恐怕造成肝臟代謝的負荷變重。傷肝的結果必然會傷眼。

當然，和孩子一起培養良好的習慣，才是照護眼睛的不二法門。首要目標當然是控制3C產品的使用時間，即使是正當理由需要使用電腦（如做功課需要上網查資料），也要管控，要盡量達到「使用30分鐘，休息10分鐘」的頻率，讓眼睛得以充分的放鬆與休息。若非必要別讓未滿2歲的幼兒看螢幕，2歲以上則每日不要看超過1小時。

閱讀書本、寫字時，眼睛與目標要盡量保持35～40公分距離。此外，環境光線要充足、舒適，燈光不可以直射眼睛或紙面，且要避免選擇字體過小的書籍，以免造成眼睛的負擔。試著透過其他感官來學習（如透過CD輔助），或帶孩子去戶外走動參觀等，避免單一的學習方式，過度依賴使用眼睛。

除此之外，均衡飲食與戶外活動更是缺一不可。尤其可以多攝取深綠色蔬菜，如菠菜、青花菜、甜椒等皆含有豐富的葉黃素，或是具有抗氧化效果的水果，如柑橘類、藍莓等，可防止體內自由基對眼睛造成傷害。成天宅在家有害無益，帶著孩子走出戶外，增加眺望青山綠野的機會，可放鬆疲累的眼部肌肉，不過，最好要避開在上午10點到下午2點的強烈陽光照射時段，若紫外線太強（陽光刺眼），記得戴遮陽帽或太陽眼鏡，達到保護雙眼的作用。

隨時幫孩子的眼睛健康加分

羅馬不是一天造成的，視力變差也是一樣的道理。以不良的方法使用眼睛，一次兩次大概沒什麼特別感覺，但經年累月下來，眼睛肯定會愈用愈差。相反的，眼睛保養也不是一蹴可幾，唯有勤加執行與堅持到底，才能逐漸看到正面的效果。除了前面提到的生活習慣調整，還可以透過「護眼茶」與「護眼操」，隨時幫孩子的眼睛健康加分。

護眼茶：滋肝明目的枸杞菊花茶

透過茶飲與藥膳，也可以「顧目珠」。最簡單的是把中藥枸杞當葡萄乾，每天一小把當孩子的零食。枸杞吃起來甜甜的，孩子接受度很高。另外，菊花、紅棗，煮成「枸杞菊花茶」，具有滋補肝腎、清肝明目、紓解壓力等功效。

- **準備材料**：枸杞3錢、菊花1.5錢、紅棗2顆
- **製作步驟**：將枸杞、菊花、紅棗加入800～1000 C.C. 的水，以大火煮滾後，再轉小火煮15分鐘。放涼之後，就能讓孩子當成茶飲喝了。

護眼操：按摩眼周穴位消疲勞

護眼操是透過按摩眼睛周圍的穴位，來達到消除眼睛疲勞、保護眼睛健康與預防近視的目的，步驟很簡單，而且隨時隨地都可以做，大人小孩都適合。

①輕閉雙眼，以食指指腹點按睛明穴。

②用雙手食指第一個指節，以點壓方式按摩上眼眶。沿著眉毛從眉頭攢竹穴按揉到眉尾絲竹空穴，可稍強刺激眉毛中段的魚腰穴跟絲空穴。

③向下滑至太陽穴，加強刺激。沿著下眼眶滑至四白穴，用食指指腹在四白與承泣穴按揉數下，再沿眼眶推回睛明穴。

④重複步驟①～③數次。點按揉壓的力道宜輕緩，以局部感到酸脹為度。

【眼睛周圍的重要穴位圖】

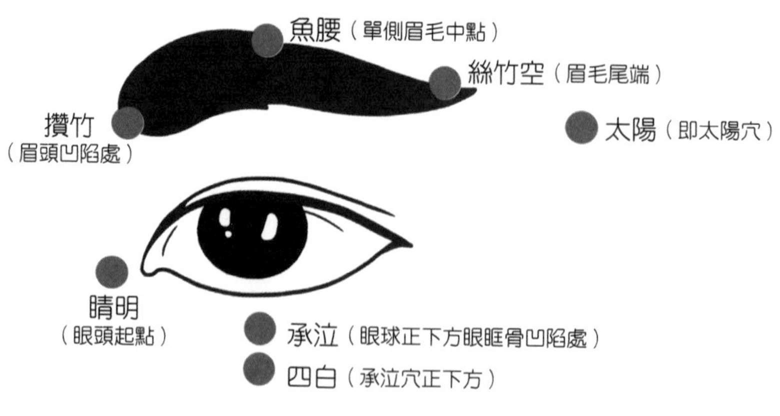

08

牙齒有問題，不光是牙齒出問題

三歲的小明因皮膚問題來就診。一個月後回診，媽媽開心地說，「他不只皮膚變好，牙齒和腸胃似乎也變好了。以前牙垢累積快，洗牙沒多久就黃黃一層，認真刷牙，卻老是蛀牙。之前食欲差、常肚子痛，這些現在都改善了。」

不要輕視長牙階段的發燒

寶寶長牙期間，牙齒從牙齦中冒出頭的過程，可能會產生許多的不適症狀，像是食欲下降、睡眠不安、心情焦躁、易流口水等，以上這些恐怕都難以避免。長牙時，特別喜歡咬東西，讓寶寶咬固齒器，可以按摩牙齦、減輕牙肉的不適，或挑選粗條狀、質地稍硬的食物讓寶寶咬，像紅蘿蔔、小黃瓜、甘蔗等都行。然而，**長牙的不適並不包含「發燒」**。發燒可能是因為長牙而造成免疫力下降，進而使身體遭受其他感染。因此，千萬不能輕忽。一有發燒情形，一定要先排除是否有其他的身體問題。

牙齒是人體的器官之一，在一般正常的狀況下，乳牙會有20顆，換牙之後長出的恆齒則應該有32顆。第一顆牙乳牙大約會在嬰幼兒約6～10個月時冒出，通常是先下排正中間的門牙，接著才是上排的門牙，然後依序往兩旁生長。每個人長牙的時間與順序會有些許差異，萬一在13個月時仍未長出第一顆牙，建議找專業兒童牙醫做檢查。

換牙的時間大約在6歲左右，恆齒從乳門牙後方長出，乳門牙被往前推擠，會漸漸鬆動而脫落。特別要留意的是，一般情況下，只需要靜待乳牙自行脫落，不必刻意拔除，以免造成恆齒長出來之後，排列不整齊。此時，為避免牙齦發炎，刷牙時仍得清潔鬆動中的乳牙。同時，第一大臼齒會從乳臼齒後方長出，此處是蛀牙常發生的位置，要特別注意清潔。所有的牙齒約會在孩子12歲前更換完畢。

【小兒牙齒發育時間表】

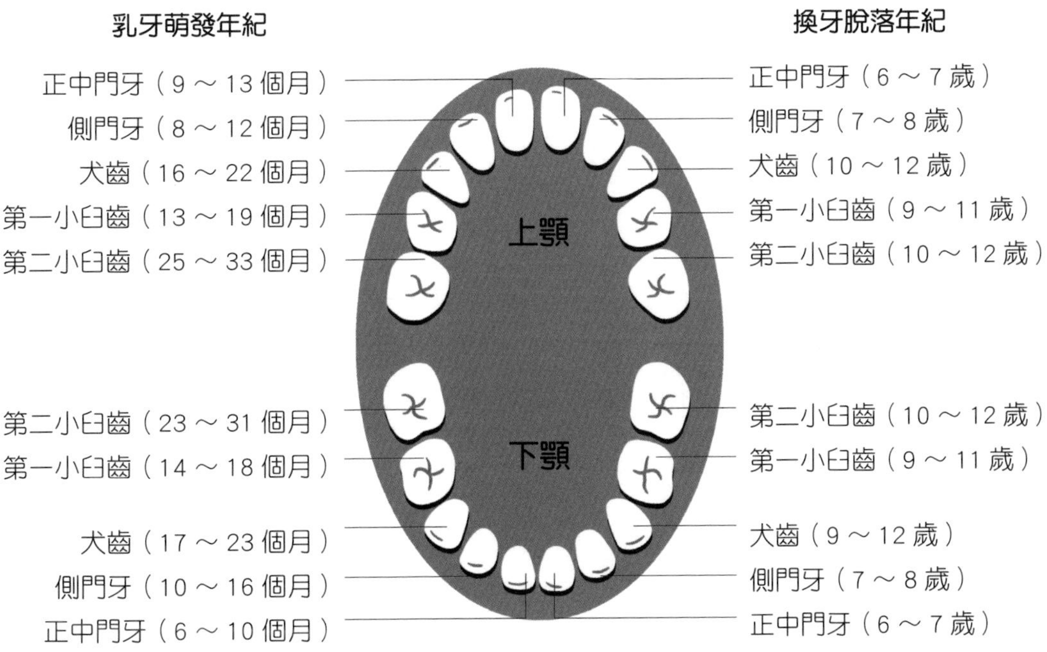

潔牙，從長第一顆乳牙開始

保持牙齒健康最有效的方法是「去除牙菌斑」，透過刷牙、使用牙線就能做到。第一顆乳牙長出來，就要進行潔牙。孩子愈早開始潔牙，愈有助於刷牙習慣養成。孩子小時，餵完奶要記得用乾淨棉花棒或將紗布巾包在食指上，沾開水清潔寶寶的牙齒與牙齦。2歲後長出臼齒，就可以教孩子使用幼兒牙刷牙線，並在睡前、餐後協助他們潔牙，初期先用清水，等孩子熟悉「吐（泡沫）」的動作，再使用牙膏。8歲以後，孩子有足夠的技術和力量，就能自己刷牙了。

良好飲食習慣有助於維持牙齒健康。尤其不要讓還在喝奶的寶寶含著奶瓶睡覺。隨著年齡增長，飲食量會增加，但食用零食與含糖飲料的次數仍不宜多，建議2歲以後每天進食次數（包含正餐）不要超過6次。當口腔內細菌遇上澱粉或糖分會產生酸性物質腐蝕牙齒，造成蛀牙。口水能中和口中酸性，預防蛀牙。不斷地喝飲料、吃零食、吃飯等，處於頻繁進食狀態，口水會來不及作用，大大降低保護牙齒的功能，蛀牙機會便跟著增加。

中醫可以處理牙齒的毛病嗎？

即使乳牙最終都會更換成恆齒，但保養保健還是得用心，畢竟要從6個月用到12歲，使用時間長達十多年，如果沒有好好地照顧，輕則蛀牙、缺齒，重則影響恆齒排列不整，甚則引起膿腫、蜂窩性組織炎等，不可不慎。

孩子第一顆牙齒長出後六個月內，就應該到牙醫做第一次檢查，之後維持半年一次的定期檢查，好讓牙齒的問題能提早發現、提早治療。若有牙痛、牙齦腫、刷牙出血等狀況，都要盡早就醫，以做詳盡的檢查和適恰的治療。

然而，若是都有按時按步驟潔牙，也有良好飲食習慣，卻老是反覆蛀牙，或洗牙後不到半年就積滿厚厚的牙垢，就要考慮一下是否是其他問題導致的了。臨床上，鼻子過敏的孩子因時常鼻塞，習慣張口呼吸，使口腔過於乾燥，口水無法發揮保護功能，常有蛀牙與口臭的毛病。這時候，應該積極處理鼻過敏的症狀，鼻塞消除了，就會減低蛀牙與口臭的發生。

依中醫理論，齒為腎所主，上下牙床分屬陽明胃與大腸經。若是牙齒生長緩慢，遲遲發不出新牙，很可能是先天腎氣不足的表現，除了多補充富含鈣質的食物外，中醫師常會選用「六味地黃丸」來補補腎氣。若是腸胃功能不佳，胃火、大腸火旺則可能造成牙齦反覆紅腫發炎。胃火也會造成腸胃功能失調，時常出現脹氣、腹痛，甚至胃食道逆流。一旦胃酸逆流至口腔，便會改變口腔環境，更容易發生蛀牙。此時，要避免辛辣、油炸、溫補的食物，並酌量食用降火氣食物，像綠豆湯、西瓜、水梨、黃瓜、冬瓜等，在藥物方面則可選用玉女煎、清胃散、竹葉石膏湯等清胃火的方藥。如此一來，不僅能調整孩子的體質，也能有效減少牙齒與牙齦生病的機會。

第三章

食育，創造好食欲！

09

先有好食育，才能促進食欲

「我家孫女真的太瘦了，可以幫她補一補嗎？」

中醫藥的特色的確就是「補」的概念，透過適當且相對應的藥方來進行治療。但根本還是得從日常做起，特別是良好的飲食習慣。從「食補」來建立強健的體質才是關鍵。

消化系統是「後天之本」

「脾」臟在現代醫學是造血器官，「胃」是消化器官，而中醫所說的「脾胃」則是包含了整個人體的「消化系統」，負責食物的消化與吸收，所以中醫古籍記載脾胃系統是人體的「後天之本」。

也就是說，受先天遺傳因素影響較大的根本體質，若能透過日常生活的良好飲食習慣，把消化系統照顧好，便能帶動孩子的身體正常發育，達成調好體質、增加抵抗力的作用。一旦身體強壯了，對生心理都會有正面的影響，像是減少感冒機率、胃口變好等。

想要讓孩子擁有強健體質，並不是多困難的事，重要的是「持之以恆」，其中一個方式就是重視小兒脾胃消化系統的調理，這部分可從平常飲食習慣開始做起。除了要注意所選食物適當性，進補時，更要遵從醫囑指示，從孩子體質特點去著眼，千萬不要聽到什麼就補什麼，才不會身體沒補到反而更傷身。

顧好脾胃，從「吃好東西」開始

現代飲食受西化文化影響甚鉅，炸雞、薯條、漢堡、甜甜圈等高熱量食物誘人，鹽酥雞、手搖飲料唾手可得，不知節制，過量攝取的結果，是讓許多小胖子的誕生。肥胖伴隨而來的不僅是外觀改變，還會連帶使得活動力下降、精神變差，最可怕的是會引發心臟血管或代謝疾病等。

孩子身體消化機能尚未發育完善，在飲食方面要節制要清淡。古代文獻中有記載「乳貴有時，食貴有節，可免積滯之患」，就是在提醒父母應該要注意孩子的按時飲食並注意飲食節度，反對乳食太飽，造成過食而消化不良的狀況。此外，更強調不可偏食，飲食要清淡。

清代的中醫典籍《大生要旨》中亦說到「小兒飲食有任意偏好者，無不致病」。又說「凡黏膩乾硬酸鹹辛辣燒炙煨炒煎，俱是發熱難化之物，皆宜禁絕」，更一一列出容易造成身體燥熱、消化不良的烹調方式。

可見照顧腸胃系統最重要的是，給予適切且適量的食物，吃進去的東西要能消化、吸收、被身體利用，才算得上營養。不然，吃再多都會變成垃圾，體內垃圾多了，怎麼健康的起來。透過簡單烹煮的清淡食物易消化，再加上均衡攝取，營養自然足夠又好吸收。良好的飲食習慣是需要建立的，但建立的方式絕對不能靠威脅利誘。許多家長擔心孩子吃飯吃太少，追著餵，打著餵，罵著餵。用各種手段威逼利誘，反正讓孩子多吃一口就是一口，這些「強迫吃」的手段，反而會讓孩子心生畏懼，甚至產生抗拒心態。

吃好也補好的藥膳調理法

現代很多家長喜歡幫孩子東補西補，聽到某家孩子吃了什麼長的好，就趕緊跟風讓家裡的孩子也試試看，舉凡維他命、益生菌等健康食品，到各式各樣的補養中藥等。爸媽的宗旨無非是想替孩子的健康加分。不過，過度的「補」不但無益，搞不好會愈補愈大洞。

好比在孩子破嘴角就認定他一定是「火氣很大」，就給孩子喝大量的涼茶、椰子水、青草茶，期待幫他消暑消熱。要不就是發現孩子手腳冰冷，就認為一定是虛寒體質，於是經常煮麻油雞、十全大補湯等給孩子溫補身體。甚至在覺得孩子「身高不如人」的時候，自行去購買坊間的「轉骨方」，期待孩子吃了可以高人一等。以上這些「補到底」的補法，恐怕造成孩子的體質偏性，反而愈補愈不舒服，甚至會有揠苗助長的反效果。

以藥膳來為孩子體質做調理，是個不錯的方法。藥膳是指以中醫藥材配合食物調理成的補品，坊間也看得到很多類似藥膳的料理，好比冬天非常夯的藥膳火鍋，就是以中藥材為湯底的創意料理。其實，日常生活中有很多容易取得的食物或藥材，都可以做為藥膳的配方，如人參、當歸、枸杞、茯苓、銀耳、蓮子等。常見的人參雞、當歸鴨等，都可以算是藥膳的一種。必須注意的是，**藥膳不只要選擇藥性適切孩子體質的藥物或食物，更要盡量以清蒸、清燉、水煮等烹煮方法來調理，不要煮得過於油膩。**這樣一來，才能在不造成身體負擔的前提下，真正達到健體防病的作用。

「凡藥之性，皆有所偏，醫藥治病，是以藥物之偏性，矯正臟腑之偏性。」倘若是真正虛寒體質造成的手腳冰冷，中醫師會選擇溫補或溫通的中藥如人參、桂枝等對證治療。或是因為身體水分不足、睡眠不好造成的「虛火」體質，中醫師會選擇涼潤的藥物如百合、生地等藥物治療。無論如何，經過專業中醫師評估、適當選擇藥物或配方，才是最明智的補法。千萬別聽信偏方，唯有針對孩子體質進行相應的補充或矯正，才是真正幫助孩子。

10

食量超大，還是瘦巴巴！

「我們家阿寶胃口算不錯，每天吃的東西跟山一樣多，可是一吃下去就跑廁所，我擔心他是不是都沒吸收，才會瘦成這樣啊！」

像阿寶這樣吃很多，成長狀態卻成反比的例子，臨床上並不少見。這到底是哪個環節出問題呢？

吃的內容不對，造成營養不足

臨床上，我遇過很多「吃不胖」的孩子。這時，我都會先檢視一下「孩子平時都吃了哪一些食物」。一問之下，才發現大多數孩子吃很多的幾乎是「零食」，好比洋芋片、爆米花、巧克力等，幾乎來者不拒，大人看孩子沒長肉、瘦巴巴，總覺得好可憐，只要他願意吃，就要讓他吃，也不會刻意限制。於是，零食把胃給裝滿了，正餐幾乎沒辦法好好吃。長期飲食不均衡，身體營養當然不足，自然無法好好的生長與發育。

孩子外食機會高，炸雞、炸豬排、牛排等，看似肉類提供了成長所需的蛋白質，卻也可能因為烹調方式隱藏著過量的油脂，加上蔬菜水果的量太少，若放任孩子偏食飲食不均，就會影響孩子的消化吸收。**針對偏食的孩子，多樣性食物的替代性選擇是一個改善方式。**如孩子不喜歡吃蛋，還是可以從肉類與豆類補充蛋白質，或嘗試用不同的烹調方式來處理食材，引起孩子的食欲，好讓他的攝取的營養慢慢趨向均衡。

「五大營養素」與「六大類食物」是衛福部國健署為了推廣營養均衡的觀念，而提出的飲食參考指標。為了方便大家執行，直接明列出每人每天所需的食物種類與建議份量。爸媽應該要協助孩子，建立好的飲食觀念，且透過均衡適量地攝取醣類、蛋白質、脂肪、維生素、礦物質、膳食纖維等，身體才能正常的運作，這樣一來，發育、成長也會更為順利

短時間缺乏某種營養，身體產生的反應當然不會太明顯，但要是**正處發育階段的孩子，長時間忽略攝取某些營養，恐怕就會造成不小的危害了。**好比「過瘦」就可以算是身體發出的一個警訊。所以，別再以為吃飽了、不餓了，孩子就能長的頭好壯壯。

【六大類食物的每日建議分量】

（資料來源：衛福部國健署）

吃的時間不對，腸胃運作大亂

很多人在應該吃飯的時候（正餐）不肯好好吃頓飯，習慣把飢餓一口氣累積到睡前，彷彿不吃些點心、滷味、鹽酥雞，這一天就像還沒有結束似的。大人吃，孩子自然就跟著吃，吃著吃著吃習慣了，三餐就更不認真吃了。孩子很聰明，他會知道「錯過一餐沒關係啊，反正睡前還有最後的補給機會」。

吃宵夜會擾亂器官的生理時鐘，讓腸胃或消化系統在該睡覺時還熬夜運作。長期下來，不僅會造成肥胖、睡眠不安，也可能導致胃病、消化不良等情形，生長發育狀況當然連帶受到影響。就像是人加班一樣，偶爾幾天晚一點下班，可能還沒問題，但天天都加班，疲勞不斷地累積，工作品質怎麼會好。

不過，如果睡覺時間和晚餐離太久，真的肚子餓了，可以選擇吃一些好消化、易吸收的食物，像牛奶、麥片等。千萬不要吃太油膩太刺激的東西，像雞排、燒烤物、油炸物等，以免增加腸胃消化的負擔。

吃飯不專心、吃很久等，也會影響腸胃的消化與吸收。我就常聽到一些爸媽在抱怨，說家裡的孩子吃個飯總是拖拖拉拉，一頓飯沒吃到兩個小時是不可能結束的。有時，看起來吃很久，其實整體的量並不是很夠，而且會讓身體經常處於飢飽不分的狀態。家長不妨準備孩子喜歡的餐盤，引起孩子吃飯的樂趣，也比較能有效掌握孩子真正吃進去的食物量，更要避免「吃飯配電視配平板」或邊吃邊玩，讓孩子專注把餐盤內的食物清光光。

每吃必拉的虛弱腸胃體質

排除上述幾個原因，有些孩子真的「瘦的很莫名」，明明吃的很多，營養攝取也很均衡，卻往往吃進去沒多久，又全部排排出來，甚至遇過吃飯才吃一半，就要去上廁所的，反覆出現腹瀉情況。若這種症狀經常性發生，又不是吃壞肚子，就得注意孩子的腸胃消化系統是否真的太虛弱了，或有其他病理因素存在，如身體濕氣太重等，並適當配合藥物進行改善。

這樣的孩子除了吃不胖，反覆拉肚子，也常出現反覆感冒、怕冷、容易疲倦等身體虛弱的症狀，中醫的治療會採用「補脾胃」加上「運脾胃」的方式處理，除了改善虛弱的體質，也適當的用一些芳香行氣化濕的藥物，讓腸胃的蠕動消化的更好。飲食的選擇上也要注意減少冰冷、油炸油膩或過甜的食物，配合運動強健體魄，改善孩子虛弱的腸胃體質。

11 開脾健胃，打敗小兒厭食症

芊芊從小胃口差、食量小，而且還很挑食。老是吵著零食飲料，到正餐時間卻吃飯速度無敵慢，非得大人盯著才願意把飯送進嘴裡。

上幼稚園後，媽媽發現她的個子比同齡小朋友小了一號。於是，希望我幫芊芊「開脾健胃」。

看到三餐就想逃的小兒厭食症

像芊芊這類食欲不振，看到三餐就不想吃的情況，常見於一～六歲的孩子，這是屬於「小兒厭食症」的表現。不過，爸媽也不用過度擔心，根據統計小兒厭食症僅有一成多具有潛在的器質性病變（指特定因素引起某器官、組織或系統發生疾病，而造成永久性損害），像胃食道逆流、先天性心臟病、慢性貧血、慢性腎衰竭等疾病引起。其餘九成的案例，則大多屬於功能性（由於支配器官的神經系統失調引起，病情輕微，通常不會導致嚴重後果）的食欲不振與厭食。若就中醫觀點而論，**脾胃功能不佳，多半是與腸胃道的消化吸收不良有關**。

症狀輕微的小兒厭食症，得先從導正孩子的飲食習慣著手調整。面對孩子不喜歡吃飯（正餐）的問題，不妨參考老祖宗的智慧──「胃以喜為補」。老祖宗所說的「喜」可不是縱容孩子「想吃什麼，就吃什麼」，舉凡零食、飲料、冰品、甜點等易損傷腸胃功能的食物，還是要避開才是。爸媽要做的，應該是慎選飲食，盡可能地誘發孩子對吃的欲望。

大人不妨嘗試順應孩子所喜歡的口味，準備他喜歡的餐食，等食欲變好後，再來增加食物的種類和數量。像是孩子不喜歡吃白米飯的話，就稍微加以變化，改用蛋包飯、海苔包飯、炒飯等，引起孩子的對食物的興趣與胃口。

不同厭食情況有不同處理方法

長時間的食欲不振，最先受到影響的就是孩子的生長發育情況，容易導致體重過輕，甚至出現疲倦易累、反覆感冒（即抵抗力差）、皮膚粗糙、注意力不集中等症狀，這時，中醫師會考慮以芳香醒脾、消食化積、運脾健胃的藥方，來幫助孩子的腸胃消化功能恢復。

有些孩子只要稍微多吃一點，就會有噁心、嘔吐、腹脹等現象，這屬於脾胃運化失健，也就是「**腸胃蠕動不佳**」所造成的消化不良的類型，使用「運脾開胃」的中藥，應該可以獲得緩解。

還有一種常見的體質，是「**脾胃氣虛**」的孩子。這類型的孩子不只嚴重厭食、拒食，大便還經常挾有食物殘渣或不成形，而且容易出汗或反覆生病等虛弱的表現，這種情況除了要開胃，還要適當的用補益方式治療，像是參苓白朮散或香砂六君子湯等，都是常用的治療處方。

要是孩子喜歡喝水卻不愛吃飯，常常口乾口臭，夜間睡眠不安，且皮膚乾燥，或有便祕現象，可能是中醫所說的「**胃陰不足**」的範疇。這類型的孩子雖然愛喝水但身體對水分的吸收不佳，所以反而會出現水分不足、缺乏潤澤，而造成消化吸收功能受影響，此時需要以「養胃生津」的藥方，來增加身體的滋潤度。在補充水分時也要注意讓孩子少量分次慢喝才能夠有效的吸收。

另外，過多的食物難以消化，積滯在腸胃裡而引起不舒服，很可能會造成孩子厭食等症狀。想要改善的話，得先舒緩腸胃道的不適，像是增加蔬菜水果等富含維生素與纖維質的食物攝取，或透過藥物治療等，來促進腸胃蠕動，減少宿便。不過，還是要導正生活習慣，才能維持好的吸收與消化。

開脾有方，「多喝四神湯」

中醫有句話說「脾健不在補，而貴在運」，意思是指「要維持脾胃正常運作的關鍵，並不是用『補』的，而是要讓腸胃蠕動消化得當」。過去的年代生活困苦，孩子常常會因為營養不足，導致腸胃過於虛弱，以致消化吸收的功能愈來愈差，所以適合用「補」的方式，來幫助腸胃恢復正常運作。然而，現代孩子的腸胃最初可能都沒什麼問題，反而是由於不當的飲食習慣，像過食冰冷或甜品等，以致影響脾胃運作，或飲水量過少、偏食等造成的排便異常。

要幫助腸胃良好的運作，爸媽平常就可以下功夫，四神湯就是一種很好的藥膳料理。「四神湯」因為藥材性屬平和、不溫不涼，不論屬於哪一種體質，都安心食用的平補藥膳。其中的蓮子、山藥、茯苓、芡實、薏仁等幾味藥物，皆有顧脾胃、利濕氣、安心神的功效。尤其適合所處環境相對濕熱的臺灣，在照顧腸胃消化系統的同時，還能排除身體多餘的水分。擔心孩子發育不好、營養不均衡、身高不如同齡者，吃碗熱騰騰的四神湯，效果更勝昂貴補藥。

四神湯要準備的材料不繁複，煮法也很簡單，對忙碌的現代爸媽而言，準備四神湯並不會造成太大的負擔。所需的中藥材要為茯苓20克、芡實20克、蓮子20克、山藥20克與薏仁40克等，與依孩子喜好酌量準備的豬腸、瘦肉片（豬肉切片）或排骨，依照下列步驟烹煮，只要一小時，四神湯就可以上桌了。

①將薏仁、芡實、蓮子等中藥材先浸泡約半小時
②將豬腸、豬肉片或排骨以滾水燙熟備用
③將茯苓、芡實、山藥、薏仁、蓮子等放入水中，燉煮約1個小時
④再放進豬腸、瘦肉片或排骨等煮滾（約10分鐘）後，加入適量的鹽調味

12 每天都有嗯嗯，還是滿肚子大便？

柔柔剛上幼兒園，最近早上都喊肚子痛。本以為她是不想上課而演戲，但有天半夜突然痛到不得不送急診。

做了 X 光檢查，才知道柔柔是宿便太多引起的腹痛。爸媽感到很疑惑：柔柔每天都有「嗯嗯」，怎麼還會滿肚子大便呢？

掌握便便發送的第一手訊息

孩子的整個身體都是處於一個生長 ing 的狀態，大部分的器官與系統，還沒有發育完全，脾胃（即腸胃消化系統）當然也是如此，所以當受到一些外來因素的威脅，如飲食不當或腸胃感染等影響時，就很容易發生消化與吸收不佳、排便不順的情況。這時候，孩子可能還是每天都有排便，卻由於大便的量變少、沒有完全地排出，或大便的質地變硬，以致長時間累積下來，宿便愈來愈多，進而阻塞腸道，造成腹痛。

關注孩子的排便情況，最直接的方式就是幫孩子建立「排便日誌」。記錄內容包括每日排便次數、便便的顏色、便便的性狀、便便的味道等，幫孩子做第一手的完整觀察，也能做為有就醫需求時的參考資料。孩子排便的次數、顏色、性狀等會受到攝取的食物跟水分的影響。一般來說，一周之內排便的次數少於三次，其中有超過四分之一次為硬便或解便有困難，而且症狀持續三個月以上，就可以算是便祕了。

從中醫觀點來說，孩子便祕情況跟體內「火氣」關聯性大，經常是水分攝取太少或吃到過於燥熱的食物所引起。如果發現孩子在某段時間內，排便的性狀、次數、顏色異於平常，可能是短暫性的排便不順，不妨從調整飲食和飲水量來處理。倘若持續沒有獲得改善，而且不僅排便不順暢，還出現了腹痛、吃不下、缺乏胃口的情形，就要特別留心：孩子可能有「便祕」問題了！

排便日誌（106年12月）

日期	次數	顏色	性狀	味道	備註
1	一	淺黃	軟硬適中	無味	
2	丅	淺黃	軟硬適中	無味	
3	一	深黃	偏硬	稍臭	今天水喝比較少
4	○	×	×	×	×
5	丅				
6					
7					

不想便祕纏身的日常3處方

便祕並不是完全沒大便才算，排便不順（次數少或解便困難）、排便量過少（與吃進的食物量落差大）等，都算是便祕的一種。短時間內也許不會造成影響，但長時間下來不僅會影響腸道健康，更會造成生活困擾。任何年齡層都可能便祕，主要成因多半跟飲食太燥熱、飲水量過少、沒規律解便有關，不想便祕纏身，可以從這三個面向著手。

增加纖維質攝取，減少燥熱食材

孩子出現便祕，不妨增加攝取蔬果等纖維質含量豐富的食物。纖維質會對腸壁形成刺激，促進腸道蠕動。不過，中醫觀點認為便祕多為體內有「火」或過於「燥熱」，所以記得排除溫熱性水果，如龍眼、荔枝、榴槤。精緻加工與辛辣食物要少吃，如燒烤類或油炸油膩食物。刺激性食物最好暫時不要碰，如醃漬品、巧克力、餅乾糖果等。溫補藥膳更要小心，別過度食用，如麻油雞、薑母鴨、羊肉爐。斟酌孩子的飲食，以免燥熱導致火氣大，加重便祕。

每日飲用足夠的「白開水」

「每次都玩到忘記喝水！」孩子玩起來，不只忘我，還會忘記口渴。尤其是進行劇烈活動或頂著大太陽玩，流汗會帶走體內水分，沒適當補給，往往會因缺水而造成排便不順。因此，大人要時時提醒孩子補水。補水，就是補充白開水。白開水最能解渴，也能維持身體運作，促進新陳代謝。果汁、運動飲料、汽水等含糖飲品不只喝完口乾舌燥，還可能讓孩子糖上癮，甚至影響發育。

爸媽不妨參考下方的〈孩子每日水分需求建議〉幫孩子準備大小適當水瓶（壺），更能方便掌握孩子每日喝水量。記得叮嚀孩子要分次、少量、慢慢喝，以增加飲水頻率來達到足夠的量，千萬別咕嚕咕嚕就灌完整瓶水，不然不一會兒就會藉由尿液排出了。

體重	水分補充建議量
0～10 公斤	每公斤補充　100c.c 的水分
11～20 公斤	1000c.c ＋每增加一公斤需再增加 50c.c 的水分
21 公斤以上	1500c.c ＋每增加一公斤需再增加 20c.c 的水分

培養規律解便習慣，建立舒適排便環境

從寶寶時期，家長就能幫孩子建立規律排便習慣。寶寶想便便時，可先按摩他的小肚子，促進腸道蠕動更順暢。然後，學寶寶大號會發出「嗯嗯」聲，暗示並誘導他「出力」。或配合寶寶排便時間（通常是吃完飯後），將他抱起做出類似蹲馬桶的屈膝姿勢，久而久之，孩子就明白當爸媽抱他做這個動作，就是該便便的時間了。若孩子長大一點，幫他準備屬於他的小馬桶，並選擇孩子有空閒的時段（如出門上課前），每天定時提醒孩子到小馬桶排便。當然，孩子的排便空間也要舒服舒適，這也是讓孩子養成規律習慣的重點之一。

跟宿便說掰掰的4個推拿法

宿便是什麼呢？就字面來解釋，就是腸胃蠕動不好，在腸道內停留過久的糞便。當食物營養素被吸收，形成糞便卻沒有及時排出體外，糞便在腸道內變得愈來愈乾硬，就會更難排除造成孩子的不適，也影響到孩子的胃口跟成長。想減少孩子體內宿便堆積，可以透過以下幾個穴位按摩法。

「瀉大腸」推拿法

即幫孩子按摩「大腸經」，在中醫又稱為「瀉大腸」的推拿手法。排便不順多屬於大腸經有火、有偏燥熱的情況，透過按摩大腸經可使症狀獲得改善。家長幫孩子做「瀉大腸」推拿時，可把重點放在食指外側至虎口這一段，由虎口往食指指尖的方向推（維持同一方向），每天左手跟右手可分別推拿100～200下。

「補脾經」推拿法

「補脾經」可以健脾固本，達到加強孩子的消化吸收作用，主要針對大便不硬，但過於虛弱而無力解便，導致體瘦乏力的便祕情況。推拿時，可將孩子的大拇指伸直，以順時針方向旋轉推動拇指螺紋面，再由拇指螺紋面的指尖處，朝指根方向直線下推，每天左手跟右手可以分別做200～300下。

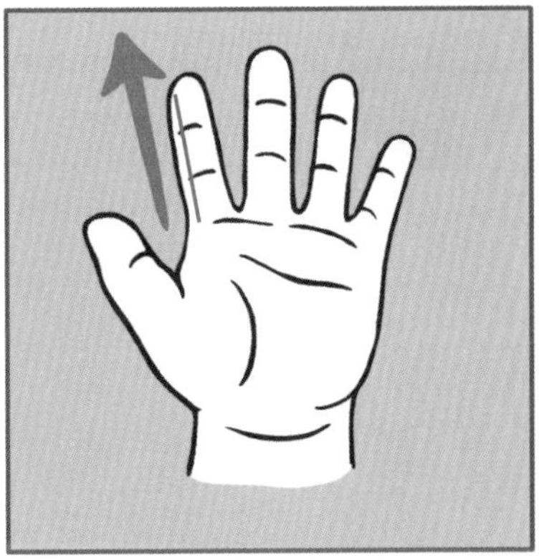

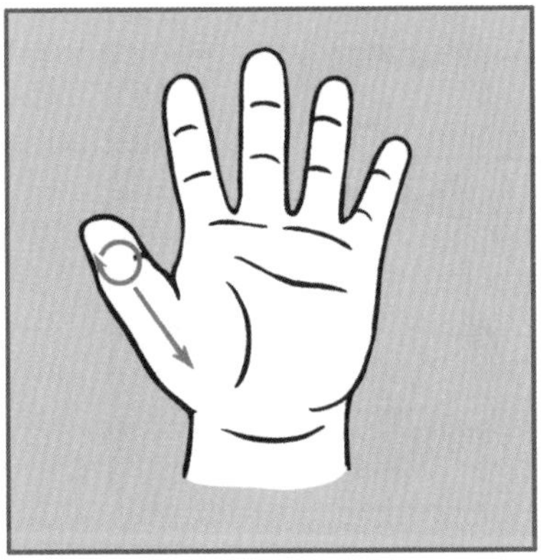

按摩肚臍周圍

在中醫典籍中提到「臍通五臟，真氣往來之門也，故曰神闕」，肚臍被視為連接五臟六腑，神氣通行的門戶，可見它的重要程度。人體的腸道鄰近肚臍，讓孩子仰躺於床鋪上，大人利用中指指腹或整個手掌，以順時針方向按摩肚臍周圍，亦是幫助孩子緩解便祕、增加宿便排除的途徑之一。因為是直接刺激局部，所以建議在飯後一小時再進行，每次可順時針按摩10～20圈，幫助腸胃蠕動。

揉按「龜尾穴」

中醫觀點認為，揉按「龜尾穴」能通調督脈的經氣，有調理大腸的功能。「龜尾穴」位於尾椎骨最末端，爸媽可以用大拇指指腹替孩子輕輕地按揉100～200下，不僅可以緩解便祕症狀，對於腹瀉、尿床也能有所改善。

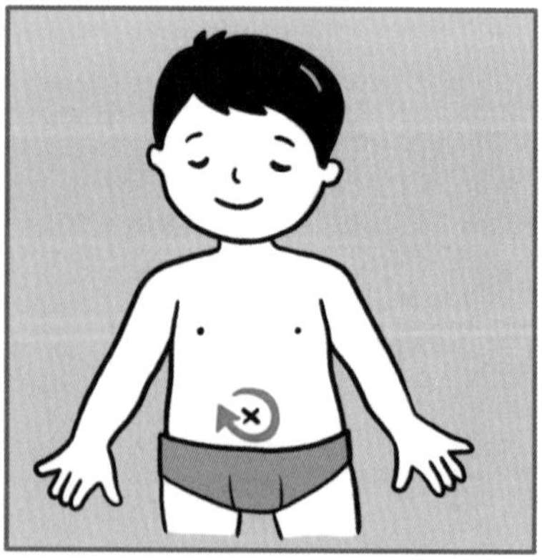

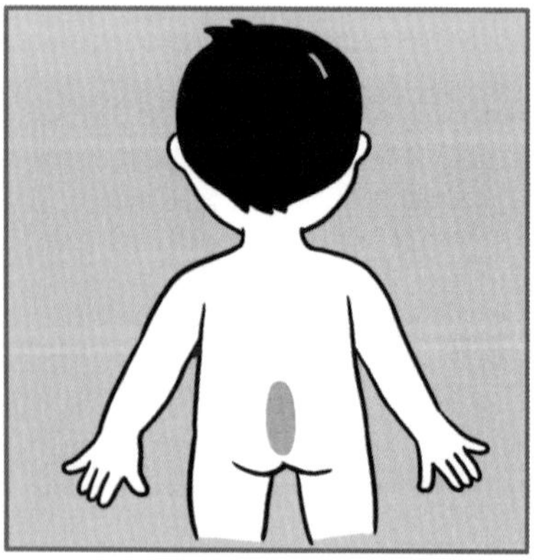

13

小時候胖，誰說不是胖！

讀小五的威威跟媽媽一起來門診，因為威威在校健檢報告顯示「體重過重」，被要求到醫療院所複檢評估。

媽媽抱怨著，「我不覺得他過重啊！只是比較壯嘛！他爸體型也這樣，有什麼關係！學校真是大驚小怪……！」。

胖到什麼程度才算「胖兒童」？

肥胖指的是一個人攝入的熱量高於消耗的熱量，而轉為脂肪形式存於體內，導致體重上升的情況。根據行政院衛生署公布的資料，可依照兒童的身體質量指數（BMI）的標準，來定義孩子是「過重」或「肥胖」。協助孩子將身體質量指數維持在正常範圍內是最理想的，太瘦、過重或肥胖皆有礙健康。

造成兒童肥胖的原因既複雜又多樣，除了遺傳外，荷爾蒙、情緒、飲食方式、文化風俗、生活習慣與環境等，均有影響。一個人的體型體態確實與遺傳基因有關，但如果生活在一起的一家人都超重、肥胖，還是得考慮是否與飲食或生活模式類似所導致。過重可以說是肥胖前的警訊之一。**兒童肥胖除了以體重過重作為表現之外，還可能伴隨代謝方面的障礙，如膽固醇過高、血糖偏高等**。但在診斷兒童肥胖之前，必須先排除其他可能會造成肥胖的相關因素，如甲狀腺功能低下、腦部實質性疾病（如下視丘腫瘤）、染色體異常疾患（如小胖威利症候群）或某些特定藥物的影響。

年齡	男生			女生		
	正常範圍（BMI 介於）	過重（BMI ≧）	肥胖（BMI ≧）	正常範圍（BMI 介於）	過重（BMI ≧）	肥胖（BMI ≧）
2	15.2 ～ 17.7	17.7	19.0	14.9 ～ 17.3	17.3	18.3
3	14.8 ～ 17.7	17.7	19.1	14.5 ～ 17.2	17.2	18.5
4	14.4 ～ 17.7	17.7	19.3	14.2 ～ 17.1	17.1	18.6
5	14.0 ～ 17.7	17.7	19.4	13.9 ～ 17.1	17.1	18.9
6	13.9 ～ 17.9	17.9	19.7	13.6 ～ 17.2	17.2	19.1
7	14.7 ～ 18.6	18.6	21.2	14.4 ～ 18.0	18.0	20.3
8	15.0 ～ 19.3	19.3	22.0	14.6 ～ 18.8	18.8	21.0
9	15.2 ～ 19.7	19.7	22.5	14.9 ～ 19.3	19.3	21.6
10	15.4 ～ 20.3	20.3	22.9	15.2 ～ 20.1	20.1	22.3
11	15.8 ～ 21.0	21.0	23.5	15.8 ～ 20.9	20.9	23.1
12	16.4 ～ 21.5	21.5	24.2	16.4 ～ 21.6	21.6	23.9
13	17.0 ～ 22.2	22.2	24.8	17.0 ～ 22.2	22.2	24.6
14	17.6 ～ 22.7	22.7	25.2	17.6 ～ 22.7	22.7	25.1
15	18.2 ～ 23.1	23.1	25.5	18.0 ～ 22.7	22.7	25.3
16	18.6 ～ 23.4	23.4	25.6	18.2 ～ 22.7	22.7	25.3
17	19.0 ～ 23.6	23.6	25.6	18.3 ～ 22.7	22.7	25.3
18	19.2 ～ 23.7	23.7	25.6	18.3 ～ 22.7	22.7	25.3

別用「壯」把孩子的「胖」合理化

在許多父母的心中，「體格」似乎是健康成長的指標之一，當孩子面黃肌瘦，骨瘦如柴，雙腿像「鳥仔腳」一樣，父母勢必會非常擔憂，家中長輩肯定也是每看一次就關心一次，所以把孩子養得「有肉」，是大部份父母追求的目標，但請注意，即使「體格」很好，也別盲目的把孩子的「胖」用「壯」來解釋。

好比案例中的這個小男孩，雖然看起來不到全身鬆垮垮的等級，但SIZE真的比同年紀的男孩大許多，而且整個人看起來懶懶散散的，手上還提著一包吃了一半的零食，一進診間坐下，就整個人癱在桌上，似乎不太愛活動的樣子。看到他這樣的表現，就更不能忽略學校檢查報告的「過重」警告了。

的確，兒童有生長發育的必要性，身體的各個組織與器官，皆需要足夠的營養與能量，才能夠順利發展，一般情況下，是不建議限制孩子的食量與食物種類，而是要讓孩子盡情享受各種食物的風味。

不過，若孩子只吃零食，不吃正餐，又懶洋洋、不愛活動，長時間下來，攝取到的可能不是有利成長發育的營養與能量，而是不斷累積的脂肪組織，便容易成為小兒肥胖症的候選人。雖然俗諺說「小時候胖不是胖」，但**根據統計肥胖兒童或肥胖青少年變肥胖成人的比例，最高竟然達到八成，幾乎可以說「小時候胖就是胖」**。此外，小兒肥胖症更會提高性早熟、代謝症候群、高血壓、心血管疾病、睡眠障礙的機率。因此及早介入兒童肥胖的治療是必要的，沒有爸媽想看自己的孩子年紀輕輕就開始拿慢性病處方箋吧。

「痰濕」與「氣虛」是易胖體質的凶手

中醫典籍提到「小兒『臟腑嬌嫩，形氣未充』『脾常不足，胃小且脆』」，由於消化系統發育未完全成熟，一旦飲食失調，不論過飽過飢或餵養失當，都將對消化吸收功能造成莫大的影響，養分的生成勢必受到阻礙，當有用的營養無法產生，反而生成脂肪組織堆積，便是導致肥胖的根源。

大部份的小兒肥胖與體內的痰濕和氣虛脫不了關係，且兩者是相互影響的。痰濕體質除了先天遺傳外，與孩子平常愛吃冰涼飲品、高熱量甜食也相關。孩子的氣虛狀態，部分是先天的，部分則與長期反覆生病或運動量不足有關。

在中醫理論提到，痰濕若長期積於體內，容易耗損身體內的陽氣，而陽氣受損後，又容易導致水飲代謝異常，痰濕更多，並不斷地惡性循環。因此肥胖者大多倦怠少動，而倦怠少動者也容易肥胖。鼓勵孩子要多運動，少吃冰冷或高熱量的食物，便可避免養成痰濕或氣虛的體質，從此遠離小兒肥胖。

避免養出胖小孩的3個關鍵

脂肪不是一天養成的。小兒肥胖雖有一部分與先天遺傳有關，但大部分都是後天飲食、生活習慣造成的影響，尤其高熱量、低營養的飲食內容，與缺乏運動的靜態生活等。若不想養出胖小孩，以下三個關鍵要特別注意。

飲食要好

定時定量且規律的飲食習慣，是維持正常發育的首要條件。不僅要減少油炸類或零食等高熱量食物，還要少喝含糖冰飲，以免生冷傷脾胃，痰濕內生，影響消化代謝功能，加速脂肪累積。更要杜絕宵夜，謹記睡前兩個小時絕對不進食的原則，如果孩子真的餓到受不了，可以補充熱量較低、營養價值較高的水果，如蘋果、芭樂等。總之，要把握兩大原則——「少油少鹽少糖分」與「多蔬多果多咀嚼」，孩子就不會成為小胖子。

運動要夠

光是學校一週才一兩堂的體育課，活動量是不足的。要養成孩子固定出門運動與活動的習慣，爸媽也得一起動起來才可以。如晚餐後家人結伴散步助消化、每週家庭日從聚餐改為爬山健行，或鼓勵孩子參加游泳、直排輪、單車、球類或田徑等課程與練習，把運動融入生活中，習慣成自然。父母一同參與，更能增進親子情感。在兒童時期只要食物配置得宜，針對熱量多寡稍做調整，並兼顧五大營養素，不須用藥，便能自然消瘦。

睡眠要足

常常睡不飽，不只身體受不了，也可能「瘦」不了。這是因為充足的睡眠才可以讓瘦體素（leptin）足夠分泌，將有助抑制食欲與促進人體的新陳代謝。反之，若睡眠不足則會讓瘦體素分泌減少，一旦食欲難以獲得控制，新陳代謝的功能又變差，肥胖就很容易找上門。此外，充足的睡眠可以讓孩子白天有精神，課業或學習成效也會比較高。

第四章
救救「過敏兒」！

14

惱人又擾人的過敏性疾病

「我家孩子從小時候開始，只要天氣一變化，就經常出現持續打噴嚏、流鼻水的狀況，這樣算不算過敏啊？」

「我家孩子每次被蚊子叮，就腫的好大一包，這是因為他的皮膚比較敏感嗎？」

什麼症狀才算「過敏性疾病」？

孩子的過敏體質通常從遺傳而來。當父母之中有一個人有過敏體質，子女過敏的機率大約有30～50％，如果父母親都有過敏，那子女過敏的機率更會高達50～80％。又加上臺灣屬於海島型氣候，不僅環境潮濕，還有日益嚴重的空氣汙染等問題，以致有四分之一的成人與三分之一的孩童都有過敏體質。生活中，大量的刺激性懸浮微粒、塵蟎、黴菌或寵物毛髮，是很常見的過敏原。另外，也因為過敏體質因人而異，有些人會對特定的食物或成分出現過敏反應。

有過敏體質的人，經常受到各種不同的過敏性疾病所困擾，狀況嚴重的話，還會影響日常生活、學習或工作等。過敏性疾病是一種慢性的發炎反應，主要是身體在與過敏原或過敏因子接觸之後，所誘發的一連串反應。嬰幼兒過敏性疾病的初次發作，常常發生在感冒之後，因為那時的抵抗力較弱。依常見的發生部位，可以將過敏性疾病分成特定食物或昆蟲叮咬引起的過敏、過敏性鼻炎、過敏性氣喘與異位性皮膚炎。

過敏性鼻炎

偶爾打個噴嚏、流鼻水，可能是感冒所引起。但如果每天早上起床都打噴嚏（而且連打好幾十個），整天鼻水流個不停，很可能就是過敏性鼻炎了。過敏性鼻炎是因為鼻腔黏膜分泌相當高量的發炎物質，造成反覆打噴嚏、流鼻水、鼻塞、鼻涕倒流等症狀。

過敏性氣喘

指氣管慢性發炎造成氣管收縮與分泌物過多，導致呼吸道阻塞，進而出現呼吸困難的情況。在孩子身上最常見的症狀是夜間咳嗽咳不停，嚴重一點的話，還可以聽到呼吸時的喘鳴音。

特定食物或昆蟲叮咬引起的過敏

這類過敏最容易引起急性蕁麻疹或接觸過敏原部位、面部、呼吸道的水腫，嚴重時可能會有生命危險。其實，會引發這種過敏反應的食物很多很雜，也因為體質不同，嚴重程度也不一樣。

異位性皮膚炎（過敏性皮膚炎）

指由於皮膚慢性發炎，導致皮膚表層起紅疹、搔癢難耐、乾燥粗糙，而且反覆發作。全身都有可能發生，尤其好發於頸部、肘部、膝後窩、四肢。

【身體部位常見的過敏反應】

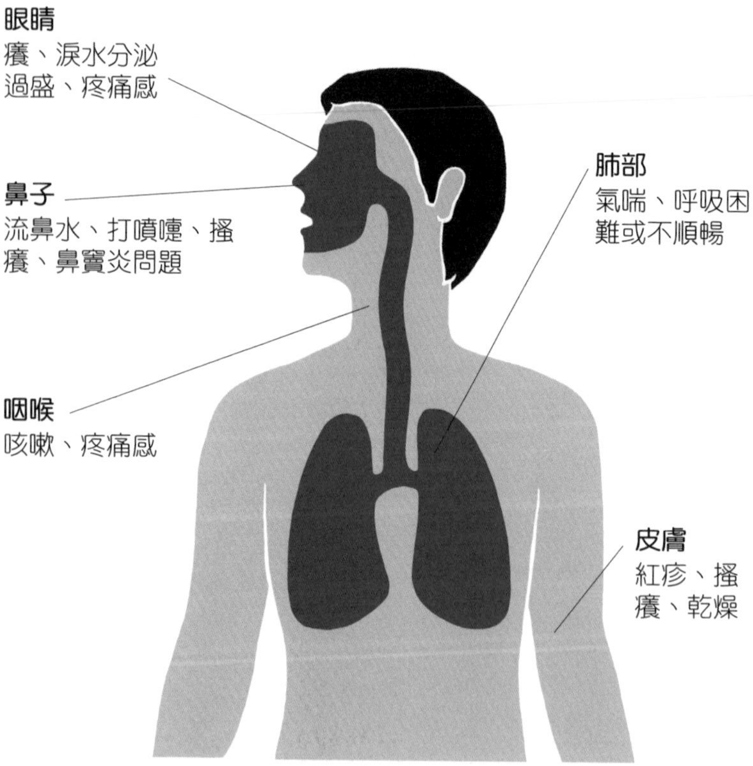

從中醫角度看過敏性疾病

相較於西醫多以疾病發生部位（鼻、氣管、皮膚等）及症狀，來做過敏性疾病的分類與治療，中醫則習慣依疾病的「致病機轉」來區分，簡單來說就是依照疾病症狀的臟腑虛損來分門別類。

外來的過敏原在中醫認知裡相當於外來「邪氣」。而「風為百病之長」，受「風邪」影響肺部（也就是呼吸系統），加上「肺主皮毛」，風邪夾雜其他邪氣侵襲人體，就會從從口鼻以及皮膚影響呼吸系統而引發不同過敏反應，像是皮膚搔癢、鼻涕鼻塞、眼睛癢、鼻子癢等一連串的症狀。

就中醫的觀點而言，人體的「脾」（即腸胃消化系統），是「後天之本」，人體的「腎」（即代謝系統），則是「先天之本」，兩者都是影響體質好壞與免疫力強弱的關鍵。所以當身體的脾腎有所不足的時候，特別容易造成纏綿難癒的過敏反應。

中醫治標治本，過敏症狀趨緩

中醫古籍就有「正氣存內，邪不可干」的說法，所謂的「正氣」指的就是人體抗病機能的總括，可以理解為「身體的免疫防禦功能」。當人體內的正氣充足，就足以抵抗外來的邪氣侵犯，使外邪不至於流竄人體而形成疾病。再從「邪之所湊，其氣必虛」來看，就知道機體之所以發病，正是人體正氣虛弱而致。

因此，對於過敏性疾病而言，**除了要針對症狀治療外，中醫還會利用「補」的概念來進行體質的調整，以固護身體的正氣，促進免疫調節趨於平衡。**找出孩子體質的偏性，從問題的根本著手治療，不只治標，更要治本。除此之外，還得家長配合衛教，協助整頓生活與飲食的習慣，才能讓孩子逐漸脫離過敏之苦，跟惱人的過敏症狀說拜拜。

15

那些過敏兒最好要留意的事

「我家孩子過敏那麼嚴重，夏天可以吹冷氣嗎？但不吹的話，又怕他太熱、怕他流汗，皮膚又起疹子！」

「每到冬天，我的孩子就噴嚏一個接一個，鼻水像水龍頭打開一樣，流個不停，有沒有辦法改善啊？」

避開易引發過敏反應的物質

不論哪個季節，反覆發生的過敏症狀都是過敏兒和家長最頭痛的問題，尤其季節更迭之際，總是會有爸媽拎著過敏性疾病發作的孩子來諮詢，密切詢問著「什麼可以做（吃）」「什麼不可以做（吃）」。的確，過敏兒的體質對溫差的變化相當敏感，不管遇熱或遇冷都很容易產生敏感現象。

過敏性疾病最重要的誘發因素就是「過敏原」，所以想要預防孩子的過敏發作，首要任務就是尋找可能誘發過敏的危險因子或過敏原，並盡可能地去除或避免孩子接觸。生活中常見的家居過敏原很多，以下這四類最容易在不自覺中觸發過敏反應，進而產生皮膚或呼吸道過敏的症狀。

塵蟎

這是一種極微小、肉眼是幾乎看不到的動物，最喜歡溫暖潮濕的環境，臺灣位於亞熱帶，室內的溫濕度均利於塵蟎生長。塵蟎是國內兒童重要過敏原之一。

家中床墊、枕頭、棉被是塵蟎的最大來源，因而爸媽要勤加換洗（每兩週至少清洗一次），或利用防蟎的床罩、枕套、被套等來包覆寢具。此外，家中布置要減少使用地毯、厚重的窗簾布，或以錦旗類、填充式玩具或布偶來做為擺設。家具方面也要多留意，建議以木製品或塑膠製品來代替填充式家具，或用經過防蟎處理的皮革製品。當然，適當使用除濕機來維持室內濕度，避免濕度過高，整個家成為塵蟎滋生的溫床。

灰塵

由於容易隨著風的吹拂而飄散的特性，不只室外會有灰塵，家中的任何角落也都會有灰塵的蹤跡。灰塵可以說是過敏原的大聚會，包含大量的細菌、黴菌、塵蟎（與其排泄物）、食物顆粒、花粉等，這些都將導致孩子的過敏反應更加劇烈。家有過敏兒的話，除了床單、棉被、窗簾等用品，要盡量選用樹脂或塑膠材質，以減少灰塵的產生與堆積外，居家環境最好要減少不必要的擺設或擺飾。最重要的是，務必經常打掃（最少一週清理二次），並用吸塵器取代傳統的掃把掃帚，避免灰塵滿天飛，飄散反為更廣。

寵物

毛小孩確實能為孩子帶來更多更豐富的樂趣與體驗。不過，毛小孩很有機會是孩子過敏因素之一。動物的毛髮、排泄物等，皆可能是過敏原。當然，不是說有過敏兒就一定得放棄養寵物，若能打理得宜，還是能改善過敏環境的。好比注意室內通風性、清理居家的動物毛髮，還要經常幫毛小孩洗澡，因為寵物過敏原很容易附著在衣物、沙發布等表面，保持清潔將有助於減少過敏原，並妥善處理牠的排泄物。可能的話，將寵物飼養在屋外，每次接觸後都要洗手。

食物

食物過敏是引起皮膚過敏的大宗，嚴重程度從皮膚癢、蕁麻疹，到呼吸道黏膜水腫造成的呼吸不順暢都有可能。會引起過敏的食物因人而異，約有90%的食物過敏原來自於某些食物中的蛋白質。臨床上，常見會引起過敏的食物包括帶殼海鮮、堅果類、含人工食品添加物的食品（如人工色素、防腐劑、香料）等。若孩子曾經出現吃到某食物而產生過敏狀況，就要特別小心，避免再次吃到同樣食物，在嘗試新的食材時，也要多加留意。

聽醫生的話，過敏不會一輩子

經常有家長問我「過敏，到底會不會好」，尤其是自己曾經經歷過敏之苦的爸媽們，往往對於孩子感到些許愧疚，覺得是自己把過敏體質遺傳給孩子，因而肯定更不希望孩子跟自己一樣，一輩子都是過敏兒。

其實，只要體質調整好，過敏症狀是可能大幅改善，甚至完全不發生。但是，有一種情況下，過敏肯定會一而再、再而三地反覆發作，就是生活環境或飲食習慣差，又不聽從醫師建議的人。**想翻轉過敏體質與日常習慣有莫大的關聯性，想照顧好過敏兒，一定要從規律的作息與飲食開始。**

有過敏體質的孩子通常體質較虛弱，平時極容易受涼感冒，光靠藥物治療，只能消極地壓制症狀，最好的方式應該要鍛鍊身體，增強機體的防禦功能，像是起居要有規律（早睡早起，減少熬夜），注意氣候冷暖（衣著要適宜），飲食要營養更要均衡（多吃蔬果，少吃烤炸油甜與刺激性食物）。

針對家長最愛問的「過敏可不可以吃冰」，中醫古籍裡就有解答，說「形寒飲冷則傷肺」，可見**貪涼受風與愛吃冰品或冷飲，的確更容易讓風寒入侵體內，導致過敏疾病的發生**。因此，還是建議家長讓孩子遠離冰品，不論是食物或飲品，都退冰後再進食比較好，畢竟冰品直接進到身體，對腸胃消化系統的損傷很大，還會降低身體的代謝速率。若天氣真的很炎熱，就用添加少許糖分的綠豆薏仁湯、洛神花茶來消暑氣吧。

16 噴嚏連連的過敏性鼻炎

「醫師，我們家小朋最近早上起來就噴嚏打不停，整天下來鼻水直流，衛生紙都用掉好幾包。最可憐的是，鼻子癢到一直揉，幾乎天天流鼻血，有時，早上起來整個床單都是血，嚇壞我了。他的『感冒』哪時才會好啊？」

是感冒，還是過敏性鼻炎？

鼻炎是指鼻腔受到過敏原刺激或病毒感染而產生的發炎現象，包含感冒引發的鼻炎和過敏性鼻炎，這兩類患者通常都會有鼻塞、流鼻涕，也常會伴隨咳嗽現象。因為症狀相似度高，以致很多人搞不清楚到底是感冒，還是過敏性鼻炎在作祟。臨床上，就曾碰過長時間為感冒所苦的患者上門求助，他因為沒家族過敏病史，而以為自己是抵抗力太差，幾經詳細詢問病史，才知道是過敏性鼻炎發作，而非感冒才有的急性症狀。

在天氣變化大或季節交替的時候，孩子的鼻子最愛鬧脾氣，於是便常會碰到這種「過敏性鼻炎」或「感冒」傻傻分不清楚的家長。這時，利用鼻腔分泌物的顯微鏡檢查，可以準確判斷。除此之外，爸媽也能藉由孩子的症狀特徵與病程長短來簡單區分。一般感冒屬於急性症狀，來的快、去得也快，在無併發症下，週期約持續5～7天，症狀就會明顯改善，**要是症狀超過三週以上都沒有好轉的跡象，且早晚病情都會特別加重，孩子「過敏性鼻炎」的機率就很高了。**

什麼是「過敏性鼻炎」？

過敏性鼻炎的主要病因，是免疫功能失調所致。人體的免疫系統的第一任務，就是抵抗病菌侵犯，當免疫功能正常運作，身體的反應是一種保護機制，但若反應過大，就會造成莫大困擾。臺灣位處海島，氣候潮濕溫暖，以「常年性過敏性鼻炎」的患者為主，近年來有愈來愈多的趨勢。這類過敏性鼻炎患者多數的過敏原來自塵蟎、灰塵、動物毛髮、食物、菸草或其他恆存於環境中的物質。

典型的過敏性鼻炎症狀為陣發性發作，先有鼻塞、鼻腔發癢，接著會噴嚏連連、流大量的清鼻涕，也可能伴隨暫時性或持續性的嗅覺減退或消失，還會有前額痛、耳鳴、眼睛癢、流淚、聲音沙啞及慢性咳嗽等常見症狀。過敏反應會隨著症狀的輕重，以致發作的時間長短不一。

	過敏性鼻炎	感冒
致病機轉	過敏原的刺激	病毒感染
症狀表現	鼻塞、流鼻涕、打噴嚏、頭暈、頭痛	鼻塞、流鼻涕、打噴嚏、頭暈、發燒、咳嗽、喉嚨痛、倦怠感
復原時間	依嚴重程度而有長有短	約 5 至 7 天

此外，**過敏性鼻炎發作時，鼻腔內黏膜呈淡紅、蒼白或灰暗色，且有水腫現象，以下鼻甲最明顯，鼻腔內可見清稀鼻涕。**患病孩子鼻黏膜的腫脹非持續不斷，偶爾可能會恢復正常。但病史長、過敏反應劇烈者，其鼻黏腔黏膜極度蒼白、水腫，鼻腔黏膜可能呈息肉樣或直接形成鼻息肉，這也是為什麼經常聽到孩子像是在吸鼻涕，卻怎麼都擤不出鼻涕的原因。有這種狀況時，可以從皮膚外以溫熱的水蒸氣濕敷，好改善鼻黏膜的腫脹充血，症狀就會趨緩不少了。

終結過敏性鼻炎干擾的療法

孩子一年四季都可能飽受過敏性鼻炎之苦。如春季、秋季氣溫變化大，過敏性鼻炎發作機會高，夏季則會因為頻繁進出冷氣房，而引起過敏。過敏性鼻炎會讓鼻子持續性不舒服，不僅會對睡眠品質造成影響，也會干擾上課或學習的專注度，加上嗅覺受阻讓食欲變差，長期下更會擾亂孩子生長發育的步調。所以過敏性鼻炎必須要積極治療。

中醫把過敏性鼻炎稱為「鼻鼽」（即鼻出清涕之意），為身體對於某些過敏原（如塵蟎、灰塵、黴菌、季節、溫濕度變化、心理因素）之敏感性增高，而呈現以鼻黏膜病變為主的一種異常反應，會發生則為臟腑功能失調，主要跟肺（呼吸系統）、脾（消化系統）與腎（代謝系統）相關。

當然，除了個人體質因素，還得加上外來因素導致，包括風寒、異氣之邪（如細菌、病毒、黴菌、季節更迭、溫濕度變化、心理因素）侵襲鼻竅而致。肺氣虛弱又受風寒是過敏性鼻炎的主要病因。隨著疾病的演進，時間久了患者通常也會有脾氣與腎氣的虛損而出現像是消化吸收不佳、手腳冰冷等症狀。

以中醫治療過敏性鼻炎時，有兩個原則，**首先要改善鼻腔黏膜的發炎與充血，待症狀減緩，就要積極調整孩子的體質，讓身體的免疫系統維持平衡的狀態，以減少過度敏感的情況發生。**治療的方式很多，如中藥口服藥物、配合適合體質的藥膳、穴位敷貼等，積極治療加上生活與飲食方面的協助與照顧，就能讓孩子更強健，減少發病率，免於噴嚏與鼻水之苦了。

平時則可以透過局部按壓「**迎香穴**」的方式，改善孩子過敏性鼻炎的症狀，減緩不適之餘，同步達到預防保健的效果。

迎香穴位於兩側鼻翼外緣，與鼻唇溝的交界處（參考下圖）。爸媽可試著以食指的指腹，幫孩子做局部的點按，每次約10～20下，有雙向調節的妙用。鼻塞時按摩可以讓鼻部暢通，鼻水多時按摩則會有停止鼻涕直流的效果。

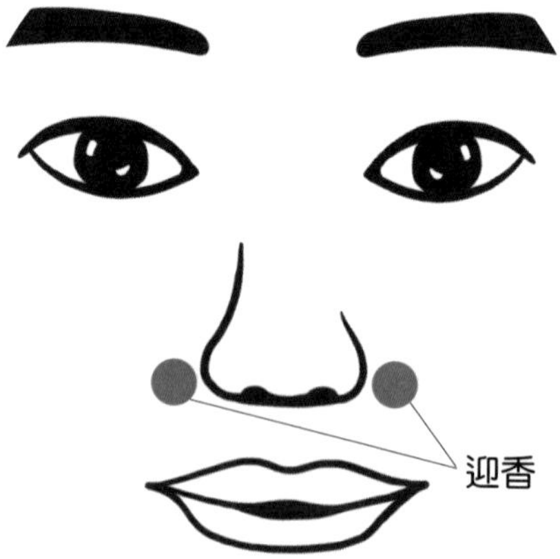

17

整天咳不停，小心是氣喘發作

凱凱即將成為小一新鮮人，媽媽卻開心不起來，原來是他從小就常咳嗽，稍微從事劇烈些的活動後咳更嚴重，夜咳還會有「咻咻咻」的喘鳴音。

最近半夜竟然咳到吐。看了醫生，一聽是「氣喘」發作，全家人都緊張的不得了。

是感冒，還是氣喘發作了？

偶爾咳嗽個幾天，大概是感冒症狀，多休息、多喝水，就能改善。但要是反反覆覆咳個不停，還帶有痰，且時間超過兩週、夜間咳的較為劇烈，那孩子可能就是「氣喘」發作了。氣喘（asthma）是臺灣兒童最常見的過敏性疾病之一，又可以稱為「過敏性氣管炎」，是一種呼吸道的慢性發炎疾病。在春入夏或秋轉冬等季節交替、溫差變化大的時段，對有氣喘的孩子來說，是一大挑戰。

一旦氣管反覆地發炎會造成腫脹、分泌物（痰）增加，會讓孩子為了把痰清出來而開始持續咳嗽，甚至在發炎程度比較嚴重時，可能會出現呼吸困難、喘鳴音、胸悶等表現。不過，小小孩不大會表達「胸悶」或「呼吸困難」等不適，在氣喘發作、氣道狹窄時，會以費力地咳嗽來達到吸進大量空氣的目的，所以**氣喘在孩子身上最普遍見到的並不是「呼吸困難」，而是以「慢性咳嗽」為主要症狀。**咳嗽通常發生在一天當中溫度最低的「夜間睡眠時」或需要大量換氣的「劇烈活動後」。若沒細心觀察，很容易被誤認為反覆感冒而受到忽略。

中醫治氣喘：發時治標，平時治本

傳統中醫學認為氣喘的發生，其內在因素是由於先天不足，體內代謝失常，導致體內有「伏痰（深藏在體內的痰或病理產物）」存在，再加上外來的感染或過敏原等刺激，使得原本就比較虛弱的呼吸系統與代謝系統功能異常，因而發生氣急短促，咳痰反覆發作的現象。在急性氣喘發作階段，可以根據孩子的症狀，大致分為「熱性哮喘」與「寒性哮喘」。熱性哮喘的咳嗽經常會有黃色、具黏稠性的痰，孩子容易口渴、想喝涼水，或出現怕熱、便祕等症狀。寒性哮喘的咳嗽則常是白色、偏稀、泡沫狀的痰，而且痰量較多，咳嗽頻率較高，孩子通常怕冷，或有手腳冰冷等症狀。

當氣喘症狀反覆發作，時間一久，身體容易「由實轉虛」，而有中醫所說的肺虛、脾虛、腎虛，也就是呼吸系統，消化系統與代謝系統虛弱的表現。所以氣喘不單單會讓孩子咳不停，更會因為健康狀況變差，伴隨感冒治不好、食欲不佳，甚至影響到生長發育。

中醫治療氣喘多採「發時（發作期）治標，平時（緩解期）治本」原則。發作期常是咳嗽喘促、哮鳴音明顯、痰多且胸悶，在分辨孩子體質寒熱後，會依咳嗽寒熱性處理。反之，在症狀穩定的緩解期，會視孩子身體虛弱的部分，因應肺、脾或腎的不足進行補益療法，以增強抵抗力與調整免疫系統。除了口服藥物外，可配合局部針灸能化痰平喘，穴位按摩推拿能疏通經絡、促進氣血運行，還可使用辛散溫通的藥物局部敷貼，達到內病外治。多元化的療法，更加鞏固療效，對於氣喘者與照顧者的生活品質提升，有很大的幫助。臨床上，最常聽到爸媽的心聲，就是「晚上終於可以安心睡了」。

控制氣喘發作的5個超級任務

近年來，兒童氣喘發生率逐年增加，多數學者認為主要肇因，是空氣品質惡化。因此得針對外在因素多加把關。畢竟氣喘並非光靠藥物治療就能控制，更要從生活跟飲食照顧做起。

防止溫差變化或感冒誘發的急性發作

在天氣變化劇烈、季節交替的時節，氣喘兒最容易發作。早上起床時，要格外注意身體的保暖。由於吸入冷空氣會造成急性發作，所以氣喘兒出門在外最好戴口罩，同時能避免溫差的影響，與降低感冒或傳染病的發生機率。

留意居家環境的清潔

家有氣喘兒的居家擺設愈簡單愈好，並改用塑膠製、木製或皮革製家具來取代布製材質的家具，還要勤於清洗寢具與適當除濕，這樣才能有效減少灰塵、塵蟎或黴菌等過敏原的滋生。當然，還要保持空氣清新，別讓孩子受到二手菸的危害，也是照顧呼吸道的不二法門。

充足的睡眠與運動的鍛鍊

作息正常、睡眠足夠是養好身體的根本之道。平時接受適宜的運動鍛練，對氣喘的孩子也有正面幫助，但初期要以能間歇性休息的運動為主，像踢足球時擔任守門員角色，不然長時間過度激烈運動，反而會造成氣管的負擔。

多攝取營養價值高，清淡且易消化的食物

像是糖果、餅乾這類又甜又油膩的食物，或辛辣、具刺激性的食物，都應該少吃為妙。此外，瓜果類的水果，像西瓜、柚子、柿子、水梨等，因為性質寒涼，要格外控制攝取的量，且避免在急性發作期服用。加了冰塊的冰冷飲料，因為容易對呼吸道與腸胃道造成刺激，氣喘兒也不適合服用。

緩解咳嗽「天突穴」

天突穴位於喉嚨下方，在左右鎖骨內側的中間點凹陷處。別稱為「玉戶」，簡單一點說，天突穴是胸腔開對外的一個開口，是氣機出入的通道。當孩子劇烈咳嗽時，可讓孩子坐著或仰臥，爸媽則以拇指的指腹從天突穴朝胸骨柄方向緩慢按揉，過程中力道要均勻。同方向重複3～5遍，便能緩解咳嗽症狀。

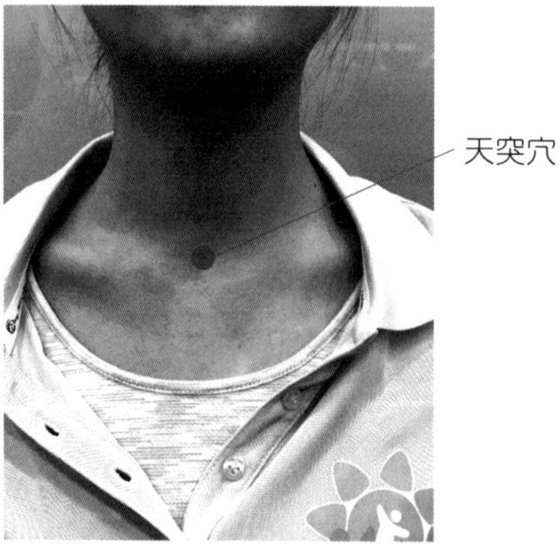

18

三伏貼和三九貼是在貼什麼？

「我的孩子有過敏體質，可是他就是沒辦法吃中藥，看他每天都不停地打噴嚏、流鼻水，有時還加上咳嗽咳不停，而且每隔一、兩個月就會小感冒。有沒有其他方法可以幫助他減輕過敏症狀、改善體質呢？」

穴位敷貼是什麼？貼了就有效嗎？

像案例這樣不斷地發生呼吸道感染、支氣管炎、氣喘、過敏性鼻炎，是體質虛弱的常見病證，而且這一類型的病患往往常年如此，這不僅嚴重影響了孩子的生活品質、學習狀況、精神狀態，家長或主要照顧者也常常因為擔心與帶孩子掛病號而身心俱疲。

以中醫角度來看，這些患者大多正氣不足，在春秋與冬季交際，氣候較為寒冷時，肺失去宣發（指將體內濁氣發散並排出體外）與肅降（指肅清呼吸道異物，保持呼吸道的潔淨及健康）的功能，而造成鼻塞、流鼻水、咳嗽等症狀反覆發作。這時，可以透過適當的藥物治療與飲食調養來控制病情。但如果孩子真的沒有辦法配合服藥，不妨試試看中醫外治法——「穴位敷貼」。

根據中國近代中醫文獻與臺灣幾家醫院中醫部門統計，使用三伏天穴位敷貼，來治療氣喘或過敏性鼻炎，其臨床研究顯示有效率皆在70％以上。二〇一一年年底，長庚紀念醫院中醫部針對當年夏季曾接受三伏貼療法的患者進行問卷調查，受訪者多以過敏性鼻炎、氣喘、異位性皮膚炎與反覆感冒患者為主。統計結果發現有75％以上認為症狀獲得明顯改善，其中又以打噴嚏、流鼻水、鼻塞、反覆感冒的改善效果最佳，亦有患者發現接受穴位敷貼治療後，到門診求診的次數與需服用西藥的次數也跟著減少。當然，如能配合內服中藥進行體質調理，其病情減緩程度將會更好。

三伏貼和三九貼到底在治什麼病？

冬病夏治的「三伏貼」療法

對反覆感冒、過敏性鼻炎、哮喘等體質偏寒的人，中醫認為要把握「冬病夏治」，好提早預防。節氣中小暑到立秋間俗稱「伏夏」，是一年中氣候最炎熱的一段期間。「三伏天」指的是夏至後第三個庚日的「初伏」，第四個庚日的「中伏」，與立秋後第一個庚日的「末伏」，是一年中陽氣最旺的時候。此時，人體全身肌膚毛孔打開，藥物容易透過皮膚吸收，是利用藥物溫煦人體陽氣、祛散呼吸道內伏寒邪的最好時節。夏季「三伏貼」是將辛溫通絡的藥物，如白芥子、延胡索、甘遂、桂枝等研磨成細粉，製成藥餅，敷貼於背部膀胱經的俞穴，讓藥效直入血絡經脈，輸布全身，而起通經活絡、溫肺化痰、止咳平喘的作用。

加強免疫功能的「三九貼」療法

在民間俗諺有「冬練三九，夏練三伏」的說法。所謂「三九」即是從冬至次日算起，每九日一數，第一個九日為一九，第二個九日為二九，第三個九日為三九，合稱「三九天」。相對於一年中最炎熱的三伏天，三九天則是全年之中最冷的時候。人體在此時進入到陽氣衰、陰氣盛的狀態。在這段期間，透過將辛散溫通的藥物，如肉桂、白芥子、甘遂等研磨成細粉，製成藥餅，敷貼於對應穴位（通常會選擇軀幹背部與呼吸系統相關的定喘穴、肺俞穴、風門穴），而起溫散寒氣、活血通經，使人體的陽氣更加振奮，進而增強身體的免疫功能，達到未病先防、減少冬天疾病發生的目的。

穴位敷貼療法的3個必知限制

敷貼的對象有所限制

在進行穴位敷貼療程之後，大部分人的皮膚不會有任何異狀，只有某些人會出現局部發紅、發癢及燒灼感，但通常不須特別處理，短時間內就會恢復。極少數患者會起少量水泡，中醫師則會依照皮膚狀況，給予適當的外用藥物，便能有效改善。孕婦、小於一歲以下嬰幼兒、嚴重藥物過敏者、曾於敷貼後皮膚起大量水泡者等，並不建議使用穴位敷貼的方法。

敷貼的時間有所限制

一般來說，依照藥物的屬性不同，成人每次敷貼時間為2～4小時，嬰幼兒的敷貼時間則須要控制在0.5～2小時內。除此之外，每個人的膚質狀況都不同，吸收速度也有所差異，在皮膚局部有灼熱感或疼痛感時，就表示藥物已經向下滲透、發揮功效，即使時間還沒到，還是可以提前取下藥餅，以免敷貼過久造成皮膚過度的刺激。

敷貼後的飲食與活動有所限制

為了避免藥物脫落，敷貼後應該要避免從事劇烈的活動。在飲食上也要格外小心，最好要不要吃生冷、辛辣、刺激的食物，與吃了之後可能會讓舊病復發、新病加重的食物，如蝦蟹、韭菜、芹菜、筍等「發物」，也就是現代醫學認為的容易引起過敏的食物。

19 做好四件事，戰勝異位性皮膚炎

「她晚上都癢到睡不好，翻來覆去，還抓到全身都是血都是疤，真的好心疼！」君君媽媽說著說著忍不住掉下淚來。

看著眼前君君全身布滿紅疹、乾燥脫屑與抓出來的血痕，難以想像這個只有五歲的孩子癢到多難受。

奇癢無比的「異位性皮膚炎」

臨床上，有許多孩子因為皮膚狀況亮紅燈而來求診，像案例中這樣的孩子不在少數，這明顯就是受到「異位性皮膚炎」的困擾。根據統計數字顯示，國內有異位性皮膚炎的人超過兩百萬人，其中又以青少年與兒童占大多數，一歲以下的新生兒發生率更超過三成。

異位性皮膚炎（Atopic dermatitis）屬於一種慢性反覆性的皮膚疾病，狀況時好時壞，又稱為過敏性皮膚炎或過敏性濕疹，容易發生在過敏體質的人身上。這類患者常合併有過敏性鼻炎、氣喘、過敏性結膜炎等疾病。

「搔癢難耐」是異位性皮膚炎最典型的表現，天氣炎熱時，會因為流汗潮濕而發癢，天涼天冷時，又因為環境乾燥而發癢。可以說，幾乎一年四季都無法安寧。其他症狀包含反覆地出現紅疹紅斑、紅腫、皮膚乾燥或龜裂等，程度嚴重的話，可能會起水泡、糜爛而流出組織液。

有異位性皮膚炎的人皮膚平衡力偏弱、保水力也差，加上油脂分泌少，在季節交替的時候最容易感到不適，而且患者通常從嬰幼兒時期就皮膚問題不斷，舉凡尿布疹、頭部面部脫屑、四肢紅疹，到一被蚊蟲叮咬就體無完膚等，發炎的情況幾乎是遍布全身。到了兒童或青少年時期之後，則轉為好發於脖子、手肘、膕窩等處。因為反覆地發炎、搔抓（導致破皮糜爛等）、結痂，以致患部皮膚常有變厚、變粗糙的現象。

異位性皮膚炎與濕熱體質有關

異位性皮膚炎的發生，多數專家認為與基因遺傳關係最大，且受環境因素影響甚多，但這並不是具有傳染性的皮膚疾病。有些家長為此緊張，卻也有樂觀的爸媽天真以為「長大就會好」而消極以對，這是相當不妥的觀念與做法。在孩子年紀較小時如果沒有積極控制，會影響到孩子的睡眠，進而影響到生長與白天的專注力，持續的皮膚症狀更可能會困擾孩子一輩子。

再者，因為皮膚的屏障變得較差，異位性皮膚炎患者皮膚感染細菌或黴菌的機會，也比一般人高出很多。根據統計資料顯示90超過 %以上的異位性皮膚炎患者皮膚上可以發現金黃色葡萄球菌（正常人的皮膚則少於5%）。臨床研究顯示，配合藥膏與清潔來抑制這些細菌或黴菌的感染，才能減少異位性皮膚炎的發作頻率。反之，長期的搔抓，只會使表皮病菌侵入皮膚內，這是導致病情嚴重、不易痊癒的原因。

在中醫的理論認為，**異位性皮膚炎與腸胃消化系統的失調有著密不可分的關係，在急性發作時期，常會以身體的「濕熱」症狀來表現**。所謂的「濕」，可以理解成水分代謝的異常，所以不只會使皮膚起紅疹，也常常有口乾、睡眠不安、便祕等症狀，此時，多使用清熱解毒、祛風除濕的中藥來治療。皮膚症狀反覆纏綿不癒的慢性發炎患者，則會開始有「燥」的表現，出現包括皮膚乾燥、粗糙、龜裂等情形，此時，在治療上則會以健脾除濕、養血潤燥的藥物。無論如何，辨清異位性皮膚炎孩子的體質，並進行對證治療，才能讓皮膚症狀獲得控制與改善，進而降低發作機會。

戰勝異位性皮膚炎的4件事

流汗時，要趕緊擦去汗水

季節交替之際，對異位性皮膚炎孩子的皮膚是一大挑戰。孩子活動量大，天氣悶熱，出汗難免。源源不斷的汗水容易刺激皮膚造成嚴重搔癢。因此不妨隨時準備一條小毛巾，提醒孩子流汗後，趕緊以沾濕的毛巾將汗水擦乾，或沖澡減緩皮膚的刺激。此外，配合浸泡、濕敷或外擦抗感染且有滋潤度的中藥，如金銀花、白鮮皮、地膚子、薄荷等，可減緩患童皮膚搔癢，改善「癢了又抓，愈抓愈癢」的惡性循環。

減少食用性質燥熱的「發物」

紅疹發作嚴重的孩子，通常體內濕熱較重。這時，要少吃夏季常見的荔枝、龍眼等熱性水果，並盡量避免吃中醫認為容易讓皮疹發作的「發物」，如芒果、筍子、帶殼海鮮等。另外，不妨多吃些平性食物或利濕的藥膳，像紅豆薏仁湯、冬瓜湯、四神湯都很適合。

注意居家環境的清潔

日常生活中的過敏原無所不在，舉凡灰塵、塵蟎、黴菌、寵物皮屑與毛髮等，都是引起皮膚症狀加重的常見原因。建議居家可以改用百葉窗取代窗簾、以木製塑膠製玩具取代絨毛玩具、不鋪地毯、減少擺飾等，並常以吸塵器、濕抹布打掃擦拭，維持居家環境整潔。

氣候乾燥時，要勤補乳液

氣候比較乾燥的環境，會讓孩子在夜晚搔癢，難以入眠。在這樣的狀況下，晚上洗澡時要注意不過度清潔孩子的皮膚，且水溫不宜過高，以免皮膚遇到乾燥空氣時更感搔癢。泡澡後幾分鐘內，趁角質層含水量尚高，可以幫孩子擦上保濕乳液鎖水。依嚴重度輕到重，可選擇擦乳液、乳霜、油性產品（如凡士林或嬰兒油）等，利用潤膚劑來保持皮膚水分，增加皮膚的耐受性。若平常看到孩子皮膚有脫屑現象，也要及時擦上潤膚劑，改善皮膚滋潤程度。

第五章

「疹」的問題大條了！

20 為什麼蕁麻疹會找上門？

偶爾會有爸媽帶著皮膚長了像是蚊子叮咬過的膨疹、小手抓個不停的孩子來求救。

一聽到診斷結果是「蕁麻疹」，幾乎都會產生兩個疑問「最近沒吃什麼特別食物，怎麼會是蕁麻疹？」「是不是我家孩子有過敏體質啊？」

讓孩子又癢又腫的不速之客

任何人任何年紀都可能發生蕁麻疹。這是一種常見的皮膚疾病，國內約有20～25%的人曾經發過蕁麻疹，其中多發於有過敏性皮膚的人身上。當身體免疫細胞被某些物質誘發活化會釋放組織胺，這些組織胺一方面會刺激神經而造成嚴重搔癢感，另一方面則會增加血管通透性，使皮膚組織腫脹，造成典型蕁麻疹表現——又癢又腫的膨疹，患者皮膚會出現大小形態不一、邊界清楚、凸出皮膚表面、稍微發硬的紅色疹塊，而且發無定處，有時小疹塊會合成一大片。

兒童蕁麻疹往往是突然間發生，並在幾小時後消退，消退後不會留任何痕跡，但很常在一段時間後於不同部位發出新疹子，一天中可能發作好幾次。有時，蕁麻疹不只皮膚會腫，嘴唇、眼皮、手掌腳掌也會腫，這是深層血管擴張併發的「血管性水腫」。臉部腫到像豬頭、眼睛腫得剩一條細縫都還好，要是蕁麻疹發在咽喉部，會使喉頭水腫而呼吸困難，需要緊急就醫。此外，若是腸胃道黏膜的血管水腫，則會有腹痛、噁心、腹瀉等類似腸胃炎的症狀。

急性蕁麻疹，來得快去得也快

大部分孩子的蕁麻疹為急性發作，發作的時間數小時至數日，至多不超過六週，屬皮膚過敏反應，其過敏原包括吃進肚子的（如食物、藥物、食品添加物）、皮膚接觸的（如植物、毛毛蟲、衣物上染料、乳膠、精油）、呼吸道吸進去的（如花粉、灰塵、黴菌孢子）、蚊蟲叮咬的，還有經病毒或細菌感染引發的。在不嚴重影響生活下並不需就醫。但若同時出現以下狀況，建議要就醫診治：

- **不僅皮膚，連嘴脣或舌頭都腫起來**
- **感到呼吸困難或呼吸時有喘鳴聲**
- **發燒，或精神活力變得很不好**
- **在吃了某種藥物後，馬上發了蕁麻疹**

西醫治療上，最常使用的西藥為口服抗組織胺，這能減少體內組織胺的效應，緩解蕁麻疹的症狀，算是一種既安全又有效的藥物，僅有嗜睡、口乾等輕微副作用，家長可以放心讓孩子使用。

以中藥來治療蕁麻疹的話，通常會概分為「風寒」、「風熱」兩種類型，中醫師會搭配合適的藥物來做醫治。當蕁麻疹情況相對嚴重，或併有血管性水腫的時候，則會短暫併用類固醇來治療。排除以上幾個需就醫狀況，在急性蕁麻疹發作時，只要多喝水，讓身體盡速將過敏原代謝排出，疹子自然就會消失，大約在幾天內就可以恢復正常。**比起治療更重要的，是要仔細回想，孩子發疹子前一兩天，是否有接觸到可能是過敏原的物質，不論是吃的穿的摸的玩的碰的，各方面都要想一想，並積極地避開，以免病情加重或再次發作。**

慢性蕁麻疹，準備長期抗戰

蕁麻疹反覆發作六週以上，就屬於慢性蕁麻疹。慢性蕁麻疹大部分不是外來過敏原引起，有的是陽光、溫度改變、運動、情緒壓力而誘發，有的與系統性疾病相關，如甲狀腺亢進、自體免疫疾病等，建議要積極就醫診察。不過，有超過70%的個案找不到確定的病因或誘因，只能說和個人的特異體質有關。

慢性蕁麻疹的治療在西醫仍以抗組織胺為第一線用藥，另視情況使用免疫調節劑。中醫則把重點放在引發蕁麻疹的體質因素，不僅進行症狀治療，更會強調從根本體質上來改變，提高身體對於誘發因素的耐受度，以減少蕁麻疹的發作。不論使用中藥或西藥，都將是一場長期抗戰。此外，常遇到爸媽詢問「要去做過敏原測試嗎」。其實，能從過敏原檢查中找到發蕁麻疹原因的僅占少數。畢竟，檢驗結果不代表「吃進食物後身體會有的反應」，也就是驗出對某食物過敏，實際吃了不見得會過敏，反之亦然。「實際吃吃看」還比讓挨一針檢查更實際。

如何幫孩子解蕁麻疹的癢？

把握就醫時間，或遵照醫囑按時服藥等，都是讓蕁麻疹症狀減緩的關鍵。爸媽在居家照護時，也要多留意孩子的動作，能不抓就盡量不抓，因為搔抓不只會愈抓愈癢，還會使蕁麻疹發得更厲害，不小心抓傷抓破皮可能導致皮膚受傷而感染。所以適時轉移孩子的注意力是必要的。

蕁麻疹的「搔癢難耐」是必然的，嚴重時，**可以用冰敷、泡冷水澡來降低孩子皮膚的搔癢感，或塗抹止癢藥膏來度過這一段難熬的時間，皮膚晒傷會用到的蘆薈凝膠冰涼後使用，也有很好的鎮靜止癢的功效。**要提醒的是，門診時常見到自行到藥局購買含類固醇藥膏擦的患者，感覺癢就擦，這是不正確的做法。因為蕁麻疹的癢是組織胺造成，並不需要使用類固醇（其作用為抑制發炎反應），短期使用沒什麼大問題，長期用下來，反而會有副作用產生。

除此之外，太熱、穿的太多、穿戴過緊的衣服或飾品，也會使蕁麻疹的症狀加重，最好讓孩子穿著寬鬆的衣物，並維持環境的涼爽舒適。發作期間的飲食要以清淡為主，避免不新鮮的食材、食物加工品、炸物、辣物等刺激性食物。總之，要多喝水、多休息，才能讓身體趕緊恢復。

21

屁屁紅通通，尿布疹纏上身！

「我家女兒從滿三個月後，尿布疹一直很嚴重。我已經很勤換尿布，也常用水洗屁股、擦乳液和藥膏，但每次以為快好了，卻又再紅起來。你看，現在屁股還是紅通通兩片，不只破皮，還長了膿包。我該怎麼辦才好？」

尿布疹不治好，細菌有機可乘

大概每個孩子的嬰兒時期，都曾經因為尿布疹而有像猴子一般的紅屁屁。尿布疹是嬰幼兒時期常見的皮膚疾病，有時只要擦個藥膏、勤換尿布、患部保持皮膚乾燥，就能獲得改善。但偏偏就有些孩子會像案例一樣，屁屁一路長紅，症狀反覆發生，這根本就是家長育兒時的可怕夢魘。

尿布疹多半是因為皮膚的角質層在密封的尿布中，長時間地吸收水氣而變得又濕又軟，加上嬰幼兒總是好動，以致皮膚和尿布反覆摩擦，造成皮膚表層被破壞。大便中的細菌、酵素、還有尿液經過腸道菌分解而產生的阿摩尼亞，都是會刺激皮膚的物質。當表層被破壞的皮膚接觸會對皮膚產生刺激的物質，孩子的「紅屁屁」就會跑出來了。

不只屁股兩塊最高凸的部分，鼠蹊部、陰脣、陰囊等容易接觸排泄物的地方，也會出現紅疹、脫皮。皮膚有破損後，附近病原菌（念珠菌、金黃色葡萄球菌、大腸桿菌等）便有機可乘。最常見的感染原就是念珠菌，這是一種黴菌，喜歡潮濕溫暖的環境，平時皮膚健康，不得其門而入，一旦皮膚表皮受損，便長驅直入而引發感染。另外，部分孩子的紅屁屁，並非刺激或感染造成，而是孩子對尿布材質、清潔用品或排泄物裡的某種成分過敏，所產生的反應。

關鍵4點有做好，預防就能勝治療

尿布要選擇好透氣、好吸收、合身剪裁

目前並沒有研究顯示，使用布尿布或紙尿布可以減少尿布疹發生的機率，但選擇尿布時，建議要注意「吸收力好」、「透氣性高」、「剪裁合身」等原則，才能有效保持孩子屁股的乾爽。爸媽可以在更換尿布的當下，摸摸孩子的屁股，若常常都感覺濕濕黏黏、不夠乾爽，就表示該款尿布對孩子來說，吸收力和透氣性都不足。另外，也要留意尿布與孩子大腿、腰際處要有1～2個指頭的寬鬆度，太過合身的尿布會增加摩擦並減少透氣度。

勤換尿布與水洗屁屁，保持潔淨與乾爽

選擇了適合的尿布後，也要勤於替孩子更換。換尿布前，大人記得要先洗手，以免手上的細菌傳遞，增加孩子的感染風險。換上新尿布前，小屁屁最好以溫水沖洗，所有地方都要清潔到，尤其皺摺處。市售濕紙巾或多或少都有化學成分，尤其是含有酒精或香精的，都不適合孩子。過多的清潔劑使用，反而會造成孩子皮膚敏感。所以用清水洗淨就好。

塗抹氧化鋅軟膏，平時就要建立保護膜

把孩子的屁屁清洗乾淨後，記得用乾淨的毛巾輕輕地拍乾，千萬不要來回擦拭，以免過度摩擦皮膚。如果時間與環境溫度允許，可以讓小屁屁稍微晾乾透氣5～10分左右，再抹上一層乳液、氧化鋅軟膏或凡士林來建立皮膚的保護膜，以隔絕下一次排泄物的刺激物質。

拿掉可能的過敏原，關鍵時刻提高警覺

考量有些尿布疹是因為過敏而出現，當孩子的屁屁有輕微症狀時，不妨嘗試換掉清潔用品、乳液，或更換尿布品牌，搞不好就能不藥而癒。糞便刺激物增加

是提高尿布疹發生率的主因，當寶寶在換奶、增加新副食品、感冒、腸胃炎等階段，爸媽要特別提高警覺，更加勤換尿布與注意清潔，才能避免尿布疹發生。

塗抹藥膏要慎選，就醫時機要留意

一般尿布疹的治療，在局部使用藥膏即可。最常用的是「**氧化鋅軟膏**」，除了可以隔離刺激物，也有抗菌與吸濕收斂的效果，幫助受損皮膚角質層恢復正常功能。用紫草、當歸、麻油等中藥製成的「**紫雲膏**」，同樣有抗菌、消炎、促進傷口癒合的功用，只要厚塗一層，一兩次之後，屁屁的紅腫就會有明顯改善。

另外，「**凡士林**」也有很好的隔離效果，但因為沒有吸濕功用，容易造成阻塞毛孔而長濕疹或毛囊炎，使用上要小心，適量就好。很多家長常用的痱子粉，多有添加滑石粉與玉米粉，故不建議使用。因為滑石粉容易吸入呼吸道，造成呼吸道黏膜損傷，且目前研究資料顯示，對女寶寶有致卵巢癌的疑慮。而玉米粉容易吸收濕氣而結塊變質，反而成為細菌與黴菌滋生的溫床，當皮膚已有破損，也會導致傷口不易癒合。若真的要使用痱子粉，只要薄薄地「抹」上一層就好，不要用噴的或灑的，每次使用前都要把前一次的粉塊清乾淨。

嬰幼兒尿布疹的發生率雖然很高，但大部分孩子經過仔細的清潔與照護，搭配塗抹紫雲膏、氧化鋅藥膏後，大概兩三天就會好轉。若尿布疹始終沒有改善跡象，則要考慮以下幾種可能性，並盡速就醫：

- **併發感染症狀**：經醫師診斷，才能以相應的抗黴菌、抗生素藥膏治療
- **其他皮膚疾病**：當疹子長了一段時間都沒改善，或身體其他部位也有類似的疹子，須確定是否為其他皮膚疾病所造成
- **體質濕熱**：就臨床觀察，嬰幼兒體質偏濕熱，的確比較容易有尿布疹。有時，可能是媽媽本身有濕熱體質，或飲食中有太多補品、刺激物，造成喝母奶的寶寶反覆發生尿布疹。建議媽媽做一下飲食紀錄，並諮詢醫師如何調整體質

22

打擊夏日駭客，腸病毒免驚！

爸爸帶著六歲的薇薇和兩歲的恬恬來看診。

他說：「薇薇學校因為有同學感染腸病毒已停課，雖然薇薇現在沒事，但擔心也被感染，更擔心會傳染給恬恬。有沒有什麼好方法可以預防腸病毒？萬一真的染病該怎麼辦？」

防不慎防，天下爸媽共同夢魘

臨床上，每每診斷孩子為「腸病毒」，爸媽幾乎都緊皺著眉頭，心裡大概也跟著「揪」了幾下。新聞報導動不動就傳出哪邊停課，哪裡又有腸病毒重症致命，看多了，腸病毒似乎變得超級可怕。其實，只要把「腸病毒」摸透透，建立正確的觀念與習慣，加上適合的治療與預防，是可以對抗成功的。

腸病毒是由一群性質相似的病毒所組成的病毒總稱，其中包括小兒麻痺病毒、伊科病毒、克沙奇病毒、腸病毒等，而且每種還有不一樣的類別，數量高達數十種。腸病毒的發生不限定區域，世界各地都有。

夏秋兩季是腸病毒感染的高峰期，不過，臺灣氣候炎熱潮濕，幾乎整年都有會感染病例。通常疫情在每年三月後逐漸上升，五月底至六月中達到高峰後緩慢下降，到了九月開學後，又會有一波感染高峰期。常見的腸病毒症狀包括手足口病、皰疹性咽峽炎、持續高燒等，但有些孩子只會有類似一般感冒的症狀。

孩子感染腸病毒之後，雖然活動力與食欲會明顯受影響，但多半5～10天後就能逐漸痊癒。要特別注意的是，嚴重的腸病毒感染可能會影響神經肌肉系統，導致無菌性腦膜炎、病毒性腦炎、肢體麻痺症候群、心肌炎等。孩子若出現嗜睡、劇烈嘔吐、肢體無力、抽搐、呼吸困難、活動力減低、持續三天以上高燒時，最好盡速到大醫院就醫治療。

助孩子盡快復原的中醫藥方

腸病毒感染在中醫理論歸屬於溫病論裡的「暑溫」「濕溫」，是由感受溫濕熱毒而引起的時行疾病。臺灣地處多濕，感染時常會出現高熱、咽喉充血，甚則紅疹，加上若孩子的體質薄弱，溫邪容易逆傳心包，以致神昏痙厥。在《東垣十書》中提到的「普濟消毒飲」，運用不少清熱解毒的藥材，同時能疏風散邪，主治咽喉腫痛，腮面紅赤之大頭瘟毒。此毒包含現在所說的急性腮腺炎、帶狀皰疹、急性上呼吸道感染等眾多頭面部感染的病症。在十多年前的 SARS 風暴時，板藍根、金銀花、魚腥草也提供了相當的療效。有不少具清熱解毒功效的中藥，陸續被研究出可抗病毒的效果。不過，由於仍屬治療用藥，並非保養型藥膳，不建議爸媽在家自行使用，還是要遵循醫師處方。

至於，以西醫方式診治腸病毒感染，目前多採取「支持療法」，也就是說，協助患者退燒、止痛、防止脫水等相關症狀治療，以期改善罹病後帶來的不適。不同於支持療法，中醫藥治療腸病毒感染時，會根據不同體質與感染程度而使用不同藥物。此外，**中醫師也會視情況搭配外用藥方「吹喉散」，對於腸病毒感染所導致的口咽舌瘡，有幫助瘡瘍癒合，減少疼痛的效果。**

臨床經驗上，在腸病毒感染的後期，雖然多數孩子的口瘡已經逐漸地癒合，但是他們的食欲總是恢復很慢。此時，便會配合口服中藥來治療與調整，達到健脾與健胃的目的，盡可能在短時間內，讓孩子的食欲與精神恢復以往，縮小感染對生活的影響。不過，由於體質與感染程度不一，適用中藥皆有差異，還是得請專業中醫師評估過後再行服藥。

增強孩子免疫力，降低被傳染率

腸病毒的傳染力極強，可藉由接觸病人的口鼻分泌物、糞便、飛沫等途徑傳染，其中最主要的為「口沫傳染」與「接觸傳染」，在家庭、學校、托兒托嬰機構最容易傳播。感染腸病毒後的平均潛伏期為3～5天（最長可能會到10天），症狀未出現前雖然具有感染力，卻往往被忽略，因而控制不易、防不勝防，尤其是大部分成人即使感染，症狀也不明顯，多半像一般感冒的表現，在不知情的情況下，很容易就傳染給家中抵抗力較差的嬰幼兒。

家中孩子若感染腸病毒，務必自行隔離，並接受專業治療，給予充足休息，以免傳染給其他幼童。此時，患童爸媽要做的是，密切注意孩子的精神與活動力。不須刻意禁食，更不必強迫進食，暫時先以餵食「軟食」為主，如粥等非固體的食物，且食物不宜太熱或太冰。另外，要隨時幫（或提醒）孩子補充水分，除了飲用白開水外，也可以喝米湯水（煮稀飯的水），這同時有助於口瘡傷口癒合與後續腸胃功能的恢復。

每天飲用一份「**腸病毒預防茶**」，可以在病毒爆發流行時，護衛孩子健康。腸病毒預防茶不僅有清熱解毒效果，也能益氣健脾，提升對病原菌的免疫防禦能力。重要的是，煮法簡單，爸媽在家就能替孩子準備，將金銀花3錢、菊花3錢、薄荷2錢、黃耆3錢、甘草2錢，用1000 C.C.的水，以大火加熱煮滾後，再用小火煮30分。瀝出藥液後，可依個人喜好加水調整濃淡飲用。

在腸病毒感染的高峰期，大人小孩都要加強個人與周圍環境的衛生，正確且勤勞的洗手絕對必要，還要避免讓孩子頻繁出入公眾或人多的場所，更要避免與（疑似）感染腸病毒的病患靠近，降低任何可能與病毒接觸的機會。當然，平時透過攝取均衡營養，維持規律運動習慣、足夠睡眠，才是增強孩子免疫力，遠離病毒感染的最根本之道。

23

常見「疹」疾病還有這一些

「我家小潔兩天前肚子上出現了一些小紅疹，一小顆一小顆約米粒大小般。因為會癢，她忍不住就去抓。殊不知，這兩天背部、手臂，大腿都陸續類似疹子，範圍愈來愈擴大。這樣是不是體內出了什麼狀況啊？」

原因百百種的急性出疹疾病

各位爸媽是不是覺得案例中的情況似曾相似啊！確實，很多孩子身上常莫名出現疹子，而且可能發生在身體上的任何部位。說真的，孩子的出疹性疾病原因百百種，可能來自外來的各種病原菌，也可能與飲食、環境、衣著、蚊蟲叮咬、生活作息、體質等相關。

一般而言，可以把「出疹疾病」區分為「急性出疹」與「慢性出疹」兩種。慢性出疹是指孩子的皮膚上，反反覆覆出現疹子，時間持續數週到數個月之久，如異位性皮膚炎、濕疹、慢性蕁麻疹等，相關保養治療方法，前面篇章皆有介紹。此篇主要要說的，是讓爸媽感到棘手的急性出疹。

急性出疹多半與外來病原菌感染相關，如腸病毒、麻疹、猩紅熱、水痘、玫瑰疹或其他常見呼吸道相關病毒感染等。同時出疹常伴隨發燒、流鼻水、咳嗽的呼吸道症狀，或腹瀉、腹痛的腸胃道症狀。但也不能排除是對食物、環境的過敏反應。此外，蚊蟲叮咬也會造成急性出疹，但一般蚊蟲叮咬的疹子範圍不會逐漸擴大，出疹區也能發現叮咬傷口，但若蚊蟲帶有其他感染源，透過叮咬過程使孩子感染，那就要從外來病原菌感染的問題來做考慮了。

什麼樣的出疹需要就醫診治呢？

一般病毒性感染的出疹，在3～5天後就會自行消退，其伴隨的呼吸道或腸胃道症狀會減輕，精神情況與食欲也恢復正常。輕微過敏反應的出疹通常會在局部皮膚會出現膚癢、膚疹，可能持續數小時或數天，只要不再接觸（進食）過敏原，症狀便會改善。不過，少數嚴重者會出現全身過敏反應，而有大範圍的皮膚出疹，此時，家長務必密切觀察出疹的情況，**若範圍擴大且持續五天以上沒有消退跡象，或伴隨高燒不退、精神萎靡，甚至影響正常的呼吸與心跳，就得盡快就醫治療。**若確診為具傳染性的出疹性疾病，如腸病毒、痲疹、猩紅熱、水痘等，則需要自我隔離，一方面避免傳染他人，一方面也做足夠的休息。

中醫尤重透疹，強調流汗與解便

無論孩子急性出疹疾病是何種原因所導致，從中醫角度來看，多屬於「熱」「濕」「毒」的範疇。治療上，著重清熱、祛濕、解毒，更強調「透疹」的概念，讓體內、皮下的濕熱毒「透」過皮膚發出而治癒。內服藥物會配合孩子的體質與疾病種類而不同，且在不同階段使用連翹、薄荷、升麻、黃耆等，來協助宣透出疹。外用藥的使用上則強調「輕」「薄」「透」，每次塗抹少量，薄薄一層的藥物在疹子上，讓皮膚在吸收藥物時，亦可呼吸，疹子更容易透出而癒。

不僅以內服外用的藥物雙重治療，也會建議爸媽帶孩子多多活動流汗，藉由出汗的過程將這些外來的濕、熱、毒排出，不過，出汗後應立即用毛巾把汗擦乾，避免流汗刺激皮膚上的疹子，導致更不舒服，甚至因過度搔抓膚疹，引起疹子的二次感染。保持良好的解便習慣，也有助疹子痊癒，因為解便順暢也是清除濕、熱、毒的一種方式，所以要多喝水，多吃水果與蔬菜，避免便祕累積更多毒素於體內。

24

為什麼三天兩頭就嘴巴破？

小基和爸爸一起走進門診，他的嘴巴一直開開的，說話也有點漏風漏風。

爸爸說：「小基的嘴巴破好幾天了，因此吃不好，也睡不好。阿嬤說小基火氣大，要多喝青草茶，怎麼知道喝愈多，嘴巴破洞的狀況好像愈來愈糟糕！」

嘴巴（脣）破痛＝火氣大?!

在生活中常見到類似案例的情況，孩子的嘴巴某處破了一個洞，過幾天好不容易癒合了，卻又在另一處發現破洞，長久下來，孩子會因為嘴破疼痛的關係，不太願吃太多，甚至在飲食上愈來愈挑，這恐怕會讓營養無法均衡攝取，進而影響到生長發育的情況。

說到「嘴巴（脣）破」「舌瘡」「口瘡」等，大部分的人總是直覺聯想到是「火氣大」惹的禍。沒錯，孩子常有口脣破洞問題，的確要考慮是不是火氣太大的關係。閩南俗諺說「囝仔人喀稱（屁股）三把火」，完全合乎中醫理論，認為兒童為「純陽之體」，在孩子身上，偏熱體質算是正常，因為孩子體質要夠溫熱，生長才會好。

不過，若「太熱」，也就是「火氣大」也不好，不僅會有口臭、便祕、脾氣暴燥、情緒不穩的症狀，還有反覆的口瘡口破。這種情況最常出現在喜歡吃烤、炸、辣等高熱量食物，又不喜歡喝水，而且習慣性晚睡的孩子身上。烤炸辣食物會讓體內生熱，不愛喝水容易產熱，太熱影響睡眠品質，晚睡則讓身體產生「火氣」。如此惡性循環之下，因果關係到最後已經很難釐清。這類孩子在飲食與作息上做些調整，情況就會明顯改善。

口破口瘡多喝青草茶準沒錯?!

不少疼孫心切的阿公阿嬤，一聽聞孩子一天到晚嘴巴破，就會提議讓他多喝一些椰子水、青草茶，這類一般人認為可以「退火盛品」。然而，很奇怪的是，有些孩子喝了有效，有些孩子喝了卻毫無作用。

臨床門診上很常見情況是，孩子在喝完椰子水或青草茶的後幾天，症狀似乎出現些微地改善，但相隔沒多久，口瘡又會再度發作，親子都不堪其擾。青草茶和椰子水都有清熱降火的功效，**適量飲用對於「體質太熱」所造成的口瘡口破是**

很有幫助的。不過，需要留意的是，少部分孩子的口瘡口破，是因為體質太「虛」，虛到身體來不及產生足夠的氣血津液來化生滋潤黏膜，使得口腔黏膜容易有傷口而且不太容易復原。

除了先天體虛之外，營養不良、偏食與挑食也是孩子容易口瘡口破的原因之一，因此常併見身高較矮小、體重不足等生長曲線較落後的情況，這就得從飲食習慣著手，讓孩子少量多餐、均衡飲食，配合充足睡眠來改善。若孩子本身屬太虛體質卻企圖以青草茶或椰子水來改善口破口瘡，或雖然屬於太熱體質卻飲用過量，都會讓體質轉為太冷太虛，這不但無法有效改善症狀，也會對孩子體質造成不好的影響。

此外，飲用這類清熱降火的飲品時，多數人都喜歡喝「冰」的，以為愈冰愈涼，效果就愈好，喝的當下覺得舒服，殊不知這些冰冷飲品會把身體的熱往更深層推入，不但無法退熱，反而讓熱包在身體更深處，更散不出去，加重原本口瘡口破的情況。

保養孩子的體質，口瘡不復發

爸媽在日常生活上，配合以下幾點原則，就可以減少孩子發生或再發生口瘡口破的機率。當然，不只需要仰賴爸媽或主要照護者的把關與提醒，更期待家長都可以以身作則，因為只有做給孩子看，他們才能「有樣學樣」，自然而然地建立好的習慣，並長久的延續下去。

- 維持均衡飲食，盡量不偏食、不挑食
- 少吃肥甘厚味（指油膩、香甜、味道濃郁）等烤、炸、辣食物
- 養成規律作息，建立早睡早起的習慣
- 每日喝水足量。有運動或大量流汗，飲水量要隨之增加
- 注意衛生、多洗手，減少病從口入的機會

在孩子口瘡口破的期間，爸媽在照護上扮演非常重要的角色。盡量要給予清淡的飲食，減少或限制刺激性的食物，太熱或太冰的食物都不適合。若一直反覆發生口瘡口破的情形，務必就醫診療，並遵循醫囑恰當照護。

然而，在考慮孩子是不是因為體質因素引發口瘡口破之前，還是得先排除是否為病毒感染（如腸病毒、鵝口瘡），或其他外力所導致，像是孩子吃飯吃太快太急，以致咀嚼不慎咬到口腔黏膜，或刷牙使力不當，導致口腔黏膜受傷等，都應該先進行孩子習慣上的調整。

第六章
吾家兒女初長成！

25 掌握五關鍵，孩子長高高！

「我家玫玫都長不高，最近看新聞，聽說只要打生長激素，就可以刺激生長，她是不是也可以打啊？」

玫玫媽媽焦急地詢問。其實，即使孩子比同年齡孩子矮小，也不代表需要用生長激素來長高，還是得看整體的發育狀況。

把握人生2個長高最快的黃金期

天下爸媽都是一樣的，總是「望子成龍，望女成鳳」，誰都不想要自己的孩子輸在起跑點，所以大概從小時候開始，就花盡心思栽培，尤其在智能、才藝、課業等下足功夫，期盼孩子將來能成為有用之才。當然，也在體質體能體態上盡力協助，希望孩子高人一等、鶴立雞群，別沉沒在茫茫人海之中。臨床門診中，一直不乏為孩子身高擔憂而上門的爸媽。除非是特殊的職業或身分（如運動員、軍警、模特兒），否則身高優勢並不是人生的必備與絕對，但「長高一點」多少能為自信與氣勢加分數。成長只有一次，無法重新來過，善於把握長高黃金期的爸媽，才能助孩子高人一等。

「嬰幼兒期」與「青春期」是人類一生中，成長最快速的兩個時期。這就是為什麼處於這兩個階段的孩子，只要兩三個月沒和他們見面，再見面時，就會讓人明顯感覺「整個人都變了」。或放個寒假、暑假回學校，原本的矮冬瓜忽然「抽高」，變成全班最高的。

根據統計，一歲前養的好也長的好的孩子，一年可以長高約20公分，過了這段時間，便會逐漸下降至每年約4～6公分的長高速度，一直持續到學齡時期。青春期則是另一個身高大爆發的黃金期，這個階段的女孩平均每年可長高8～10公分，男孩則有10～12公分，這是骨骼生長板未關閉前，最後的長高機會，錯過了，要增加1公分都有難度。

了解身高遺傳密碼，避免過度期待

身形嬌小的人，會考量「優生學」，選擇比較高大的另一半，希望平衡一下基因，別讓孩子出生後一樣嬌小。這樣的考量方向也沒錯，根據研究顯示，孩子的高矮有60～70%來自於父母的遺傳。身高遺傳屬於數量遺傳，爸媽都高，通常子女也長得高，要是爸媽都矮，孩子想高人一等，不是不可能，只是機會比較低。由於先天因素上仍存在限制，努力的空間當然也有限制，好比爸媽的身高都才一五〇，當然不太有機會生養出一八〇、一九〇的高個子。

利用公式可以簡單算出孩子的「遺傳身高」。

- 男生為（爸爸身高＋媽媽身高＋12）÷2±6公分
- 女生為（爸爸身高＋媽媽身高－12）÷2±6公分

這是透過爸媽雙方的身高，來推測孩子未來會長到多高的方法之一。以爸爸身高170公分、媽媽身高160公分所生的孩子為例，女兒的身高約落在153～165公分，兒子的身高則為165～177公分。

與許多不同家庭接觸後，發現一件非常有趣的事，就是孩子的體質，往往跟父母類似。這除了是遺傳所致，相似的生活習慣影響更大。遺傳給孩子先天的基因因素，後天的環境、飲食等，則是讓孩子從一張白紙，開始慢慢染上不同的色彩，慢慢地形成自己獨特的體質。後天養出來的體質，不僅影響到孩子的健康、可能造成的疾病，也同樣影響了日後身高的發展。

【推測遺傳身高的計算公式】

讓身高反敗為勝的5個關鍵

近年來，更多臨床案例觀察，發現遺傳已不再是影響身高最大因子，還有更多後天因素，掌控著孩子生長的關鍵。把握以下五個關鍵，鼓勵或協助孩子去實踐，約有80～90％的孩子能超越「遺傳身高」，甚至多長6～7公分。

充足、高品質的睡眠

生長激素在晚上十點到凌晨間的分泌會達到高峰期。生長激素主要功用是促進骨骼與肌肉生長，能夠有效刺激孩子的生長，其分泌量的多寡也受睡眠品質影響，淺眠分泌少，熟睡分泌多。所以要叮嚀孩子早點睡覺，並給予良好的睡眠環境，提高其睡眠品質。

均衡營養，充足熱量

從營養學觀點來看，孩子的生長需要充足熱量，與蛋白質、鈣質、鐵質、鋅等各種營養素補充。處於成長階段的孩子活動量大，足夠的熱量攝取，才能應付發育需求。倘若孩子過度節食減重，或過量攝取冰涼、油膩、甜度較高的食物易使消化系統損傷，自然影響正常生長速率。

多多從事具跳躍性的運動

不論是什麼運動，都能提升健康。希望孩子長高的話，可以鼓勵孩子適當適量地進行「具跳躍性」的運動，如跳繩、籃球、排球等，並達到「至少每週五次，每次至少三十分鐘」的目標。運動能刺激生長板，促進生長發育，是直接且效果佳的方式。

緩解壓力，穩定情緒

心理上較為穩定的孩子，生長發育會比較順利與完整。爸媽善解人意、通情達理、積極關懷、給予支持等，都是強化孩子的安全感，培養他的美麗心情的關鍵。若從小就生長於高壓的環境，孩子生理發展難免受到影響，身高自然也不能倖免。很多大人覺得「沒什麼」的事，都可能造成孩子的壓力，像是不睦的家庭關係、外表被指指點點等，所以大人得多費心留意。

按摩長高穴道——百會穴、湧泉穴

「百會穴」位於頭頂正中央，位置很好找。將左右兩側的耳朵分別延伸至頭頂正中央的線，與左右眉毛之間的中心點往額頭方向延伸的直線的交會點，就是百會穴了。

按壓百會穴可以刺激生長激素的分泌。建議每天可以用大拇指的指腹，以旋轉揉壓的方式按摩百會穴至有痠脹感為1次，按摩20次後稍作休息，再進行下一個循環，總共進行三循環。

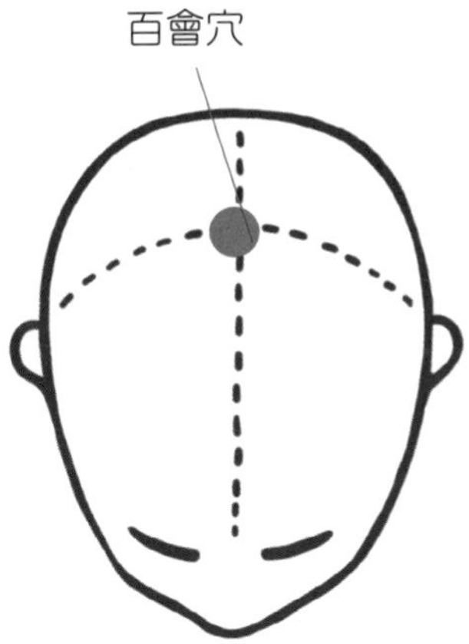

「湧泉穴」則是位於雙腳的腳底。在光著腳的情形下，把五個腳趾頭用力地朝腳掌心方向彎曲（像要用腳趾抓住東西的感覺），腳底中央的凹陷處即是湧泉穴了。

湧泉穴是腎經的第一穴位，按摩這個穴位可以促進腎經充沛，進而幫助孩子強筋壯骨，加強生長發育。每天以大拇指的指腹按壓湧泉穴至有痠疼感為一次，左右兩腳各按20次即可。

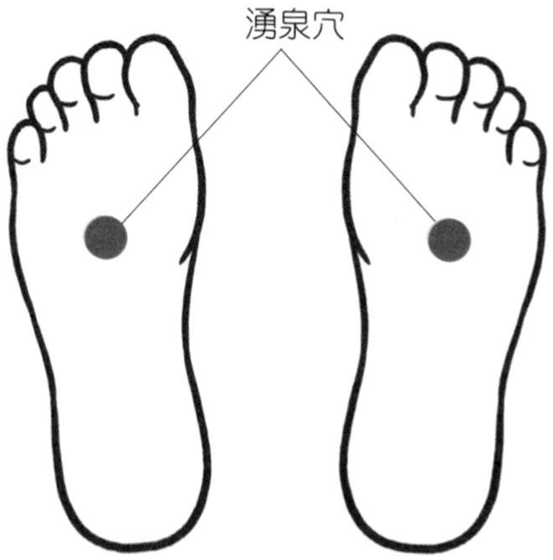

26

即刻救援，哈比基因不延續

祐祐媽看到「某孩子打生長激素長高十五公分」的報導，整個人躍躍欲試。

我趕緊解釋：「祐祐雖然個子瘦小，骨齡落後實際年齡一歲，但其他內分泌都正常，目前最大問題是胃口差、吃不下，應該先從這方面著手，才能幫助他。」

不要跟別人比，讓孩子跟自己比

當孩子看起來比同齡的孩子矮小瘦弱時，做父母的總是會擔心，深怕自己的孩子是不是發育不良，更怕這種情況持續下去。那麼，到底「該怎麼判斷自己家孩子的成長是否正常呢」，其實，在孩子的寶寶手冊中，就能找到〈兒童生長曲線百分位圖〉，五歲以前都能參考此表，來掌握每一個階段的成長狀況。這個表便於對照孩子的成長程度，是非常好參考。不過，就是參考，不用因為孩子的落點比較後面就擔心，只要沒有太大波動，通常無大礙。

必須了解的是，兒童生長曲線百分位圖，不僅男女有別，圖中的曲線是以百分位（percentile）來顯示，而非常見的百分比（percetage）來呈現。百分位是百分比累積的結果，即指「孩子的身高排名」，而且是從高到矮向下排列，百分位的數字愈大，表示排名愈前面。舉例來說，當一個孩子的身高落在75百分位的曲線附近時，就是代表他在100個孩子中贏過75人，也就是說，這個孩子的身高大概是全國前25％，約有75％同齡的孩子比他矮。

【兒童生長曲線百分位圖（女孩）】

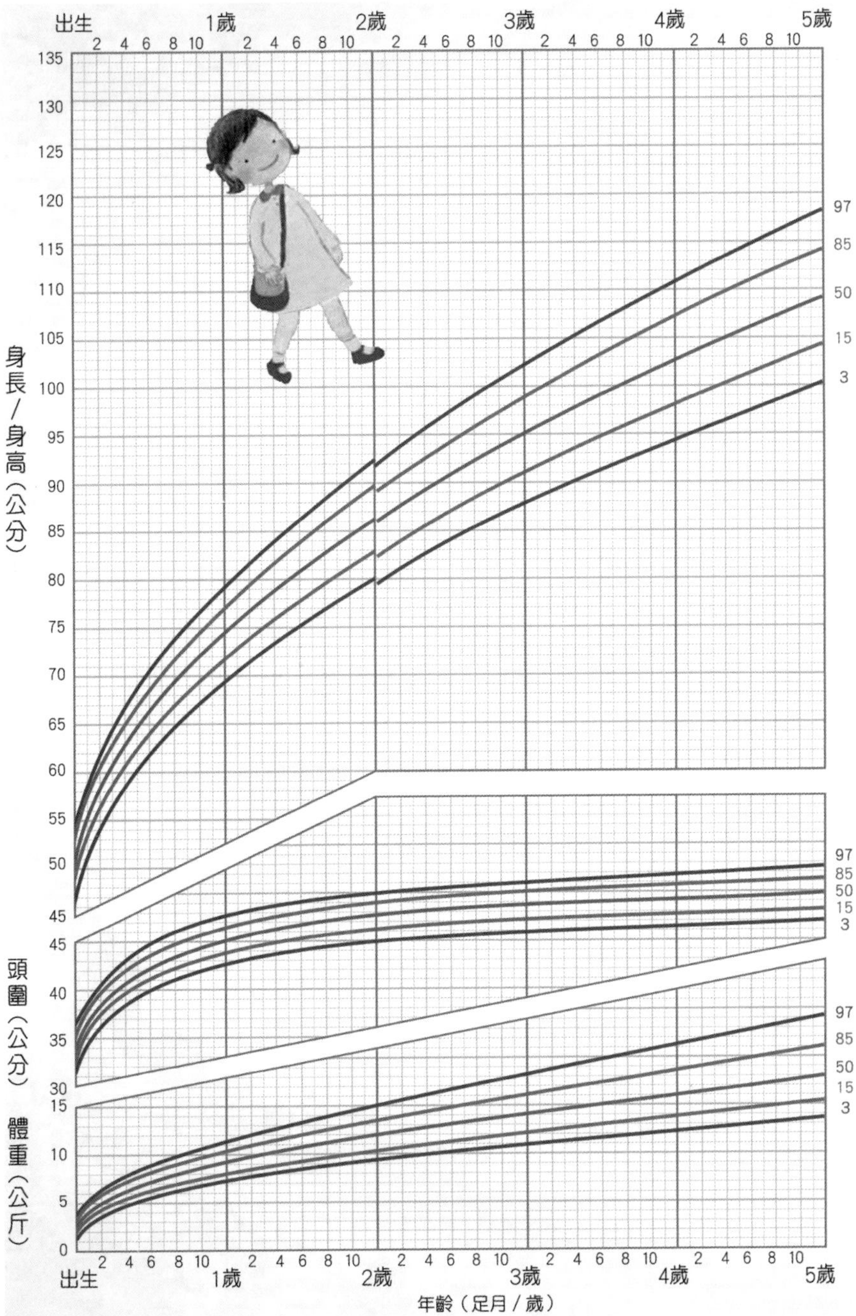

（資料來源：衛福部國健署）

【兒童生長曲線百分位圖（男孩）】

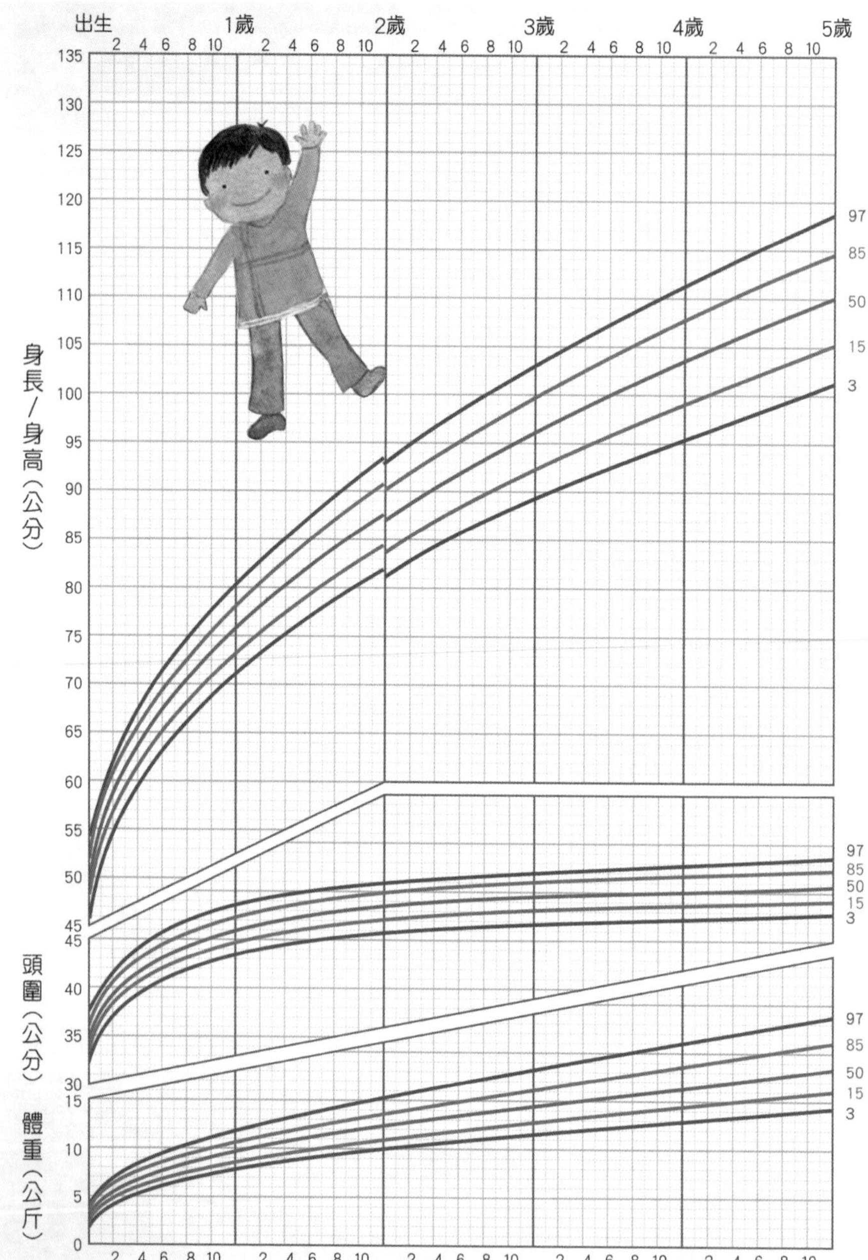

（資料來源：衛福部國健署）

跟同年齡的孩子做比較，只是參考的標準之一，最重要的，應該還是讓孩子「跟自己比較」。孩子的生長速率，在每個階段都會所不同。

評估兒童或青少前生長的速率，通常會用「年」為單位。了解在不一樣的年紀，孩子每一年的身高應該要增加多少，與實際到底長了多少公分，這對於掌握孩子的發育狀況，可能更具有參考價值。

- **出生後1～12個月**：每年18～22公分
- **一歲**：每年約11公分
- **兩歲**：每年約8公分
- **三歲**：每年約7公分
- **學齡兒至青春期前**：每年4～6公分
- **青春期**：每年6～12公分

【成長階段每年身高增長參考值】

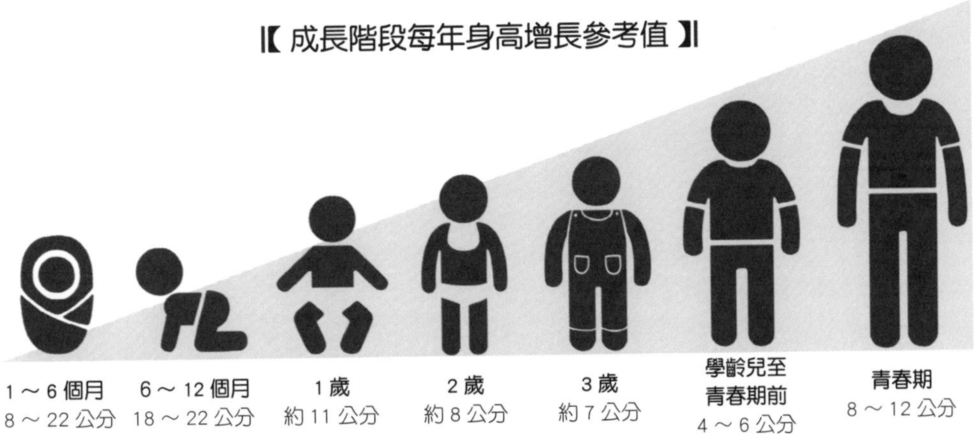

如何算生長遲緩？何時要求助醫生？

學會判讀生長曲線圖與計算孩子的生長速率，可以讓爸爸媽媽初步了解並掌握孩子的發育情形，倘若孩子出現成長發育上的異常，可能代表身體異常的警訊。當然，也不是說孩子發育一落後，就要馬上找醫生處理，有時候搞不好是該階段孩子胃口比較差而已。不過，**在遇到以下狀況時，建議要諮詢小兒內分泌科醫師，做更進一步的評估**。

- 孩子一年的身高成長小於4公分
- 身高位於生長曲線圖中的3個百分位以下或97百分位以上時
- 原來身高所在百分位線右移或左移到另一條百分位曲線時
- 透過骨齡檢查預估的「成人身高」比預期的「標的身高」少5公分以上
- 性早熟孩子（女孩未滿8歲、男孩未滿9歲，便開始出現第二性徵）
- 開始出現第二性徵時，男孩身高不到150公分，女孩身高不到130公分
- 青春期時，第二性徵進展迅速但無明顯抽高
- 女孩初經來時身高不到145公分

生長遲緩大致可以區分為「矮瘦型」與「矮胖型」。矮瘦型指的是孩子身材矮小，但是體重更輕（生長曲線百分位排名比身高落後），這類型兒童應朝向營養不良的原因去找，如飲食攝取不夠、慢性疾病（如氣喘）、先天性或後天性心臟病、腎病變、長期嘔吐腹瀉、慢性肝病、糖尿病等，找出真正的原因並著手改善，大多能讓生長狀況恢復。

矮胖型指身材矮小，但體重正常或過重（生長曲線百分位排名等於或高於身高），這類型兒童通常需朝家族性矮小、染色體異常、骨骼發育不良、先天性代謝異常、內分泌疾病（如腦垂腺低能症、生長素缺乏症、甲狀腺低能症）等去評估。針對內分泌機能異常造成生長遲緩，可再分為促進成熟的荷爾蒙（生長素、雌激素、睪固酮、甲狀腺素）缺乏，或抑制生長的荷爾蒙（可體松）過量。

造成身材矮小的潛在原因很多，任何情況或疾病都可能干擾身體正常營養代謝吸收、精神情緒、內分泌、骨骼發展。懷疑孩子生長遲緩時，別過度樂觀，尋求專業醫師的協助，才能即刻救援，為孩子的成長找到最好的方向。

晚睡、懶動、偏食，註定矮人一截

身高高的爸媽也別老神在在。我曾在門診碰到一對身高幾乎媲美模特兒的父母，帶著疑似成長遲緩的孩子來求助。媽媽不解地問：「我跟她爸都那麼高，怎麼生出來的孩子那麼矮」。追根究柢下才知道，這對爸媽早出晚歸，根本很少留意孩子，孩子沒人看顧，三餐就常沒按時吃，餓了就吃零食配手搖飲。加上缺乏關懷，只好寄情於電視與電腦，晚上總是拖到爸媽回家才心不甘情不願的上床睡覺，早上也常賴床、爬不起來，更不用說好好吃頓早餐了。每到假日就「補眠」到日上三竿，根本懶得花時間出外走動，活動力跟著愈來愈低。

在早期，身高確實是「七分天註定，三分靠打拚」，但最近這幾年其實可以看到很多高挑的運動選手，他們的父母也不見得特別高，可見只要後天關鍵因素有掌握好，矮爸媽生養出高人一等的孩子並不是夢。相反的，要是跟案例這對父母一樣，仗勢自己遺傳基因的優勢，而放任孩子後天該有的努力，恐怕就是造成孩子身高不如人的最大關鍵。

27 狂吃轉骨方，就能登大人?!

洋洋即將上國一。媽媽發現洋洋小六時，第二性徵就開始發育，食量也變大，但卻沒像班上同學突然「抽高」。

鄰居阿姨看洋洋常懶懶散散、沒精神，拿了一帖「轉骨神方」要洋洋媽燉給洋洋吃，說既補身體又能長高長壯……。

長不高，給他「轉骨」就對了?!

轉骨是臺灣民間特有、幫助青春期孩子生長的概念。即使在現代，大部分的爸媽（或家裡長輩）還是會想幫孩子「補一下」，讓他多長一點身高。不過，並不是每個孩子都需要「補」。所以，家長要思考的不僅是「孩子該怎麼補」，而是「孩子需不需要補」。

若要我為「轉骨」下定義，我會說是「在孩子各個生長發育階段，特別是青春期快速發育的階段，幫孩子找出影響生長的關鍵問題，加以改善，進而幫助孩子的生長」。孩子成長階段潛力很大，且對身體各器官的發育與生理機能有很大影響，若有過敏性鼻炎、氣喘、異位性皮膚炎、腸胃消化不良等疾病，都很適合在這個階段進行調養與照顧。

在這段孩子快速生長、體質正在定型的時間中，爸媽求的不光是要「長得高」，更要讓孩子「長得好」。把握這個一生一次的時機，針對孩子有偏性的體質進行針對性調整，如脾胃氣虛導致的消化吸收不佳時，就要使用健脾顧胃的中藥。若是過食或偏食導致的腸胃積滯便秘，反而是需要使用消導利便的中藥，而非在所有的情形下，都是使用「補藥」來解決問題。

不少人會把轉骨方視為萬靈丹，忽視其他影響身高的因素，覺得長不高轉一下就好了。甚至為求方便，直接購買坊間產品給孩子服用。一旦轉骨方與孩子的體質不合，恐怕會有反效果，如孩子長高同時性徵迅速成熟，導致生長速率變慢，甚至就不長了。因此，**不只需不需要「轉」得經過中醫師評估，「應該怎麼轉」也得遵從醫囑建議，以免揠苗助長，得不償失。**

骨齡（生長板）與長高的關係

至於，在什麼時間點，可以開始幫孩子「轉骨」。一直以來，都是家長感到非常困惑的問題。原則上，**在孩子的「第二性徵開始發育（女生是胸部隆起、男**

生是睪丸變大）」時，就應該要比過去更留意孩子的生長速度與當時的骨齡了。

「骨齡」相對於生理實際的年齡來說，指的是骨頭發育成熟的年齡。臨床上，會用照X光的方式來判定骨頭「生長板」的空間，藉此來推測骨齡，並評估孩子真正剩餘的生長空間。生長板是一種透明的軟骨組織，位於骨頭的末端，透過不停地增生骨質讓身高增加，直到生長板關閉為止。也就是說，生長板閉合後，就不會再長高了。此外，目前並沒有任何藥物或外力侵入的方式，能夠讓已經閉合的生長板再度打開。

一般來說，男生在骨齡約12～14歲、女生在骨齡約11～13歲時，會進入青春期，即呈現快速發育的狀態。此時，孩子生長的速度會由原本的一年平均4～6公分，增加到一年8～12公分。在男生骨齡16歲、女生骨齡14歲後，則會進入生長黃金期的尾聲。所以要幫助孩子長高，就要把握這段生長的黃金期，去調整孩子的體質。針對青春發育期的調理，男生女生在藥物選擇的側重上也有所不同，男生重在「補腎益氣」，女生則重在「調肝養血」，均需針對每個人的體質給予個別化適當的處方進行調理。

有時需要的不是補，而是治療

有時，找出孩子的問題點，並針對問題加以「治療」，才是有助生長發育最重要的事。要不然，**根本的問題沒有解決，補再多、藥方再厲害，只要身體無法吸收，就無法有效利用，對孩子來講，補了再多都是白補一場。**透過治療能修復身體的機能，改善運作，等到這時候再來補，才是有效果的。

好比開頭所提到的案例，是我在門診時病人所轉述真實情況。慶幸的是，這位媽媽雖然憂心孩子的發育問題，卻沒有因為鄰居一句話就直接「幫孩子轉骨」。多虧她對於坊間藥物的使用仍感到疑惑，於是乾脆帶著孩子來求診。其實，我對這個孩子的印象相當深刻，尤其是他那雙熊貓眼。聊了之後才發現，這個孩子雖然每天晚上都九點半就進房間，準備就寢，躺下後卻因為鼻涕倒流而狂咳不止，以致經常輾轉難眠，翻來翻去，一翻可能就一個多小時。好不容易入睡，半夜又會因為鼻塞、呼吸不順而反覆醒來。白天到校上課，更是噴嚏、鼻水齊發，注意力根本無法集中。

聽了這樣的狀況，我大概就知道這個孩子迫切需要的並不是「轉骨」，而是應該趕緊改善過敏性鼻炎的問題，這不只嚴重影響睡眠，也連帶影響白天的精神，充足睡眠可是順利發育（長高）的關鍵要素之一。所以，我著手進行這孩子的鼻過敏「治療」與「衛教」。還好這個孩子十分配合治療，媽媽也努力協助孩子改變生活習慣，像是不過食冰涼食物、規律運動等。治療三個月後，這孩子明顯長高了。媽媽還告訴我：「那位熱心鄰居還以為是轉骨神方奏效呢！」。

28

孩子在夜裡喊「膝蓋痛」！

「嘉嘉她最近幾乎每天晚上都哭著喊腳痛，已經持續好幾個星期了，每次痛的時間不長，但是她都痛到哭，我本來也不以為意，但頻率實在太高，我還帶她去看骨科跟復健科，做了好多檢查，也都沒有發現異常。」

白天沒事，晚上就痛的「成長痛」

同樣身為媽媽的角色，我很可以了解嘉嘉媽媽的擔憂。想起某天晚上，我家的女兒也睡覺睡到一半，突然喊著「小腿好痛喔」，當時，我還沒馬上想到是成長痛，而是煩惱是不是發炎或其他外傷造成的問題，花了好一番功夫去分辨。因為感同身受，我趕緊請嘉嘉媽媽別著急。

成長痛不算是一種病，也不會對孩子的發育產生不良影響，可是半夜痛到醒、痛到哭，確實會讓人感到很心疼。到底什麼是成長痛，是家長心中共同的疑問。**成長痛多發生在成長期，也就是2～12歲的兒童身上。不過，不是每個孩子都會有，即使有，痛的程度與痛的地方也不見得一樣**。根據統計顯示，約有25％～40％的孩子，曾經發生過成長痛的情形。

成長痛的產生通常是因為發育不平衡所造成。處在發育旺盛階段的兒童，骨骼生長的速度有時候會比其他周圍組織快上許多，以致當骨骼迅速生長時，四肢骨骼的周圍神經、肌腱、肌肉卻沒能跟上進度、同步成長的話，這樣「不同步」的發育，就容易造成腿部肌肉緊張，因而產生牽拉的痠痛與疼痛，形成所謂的「成長痛」。這也是為什麼成長痛多發生在腳部。

目前為止，針對成長痛並沒有確切的診斷標準，但可以藉由症狀特徵來判斷。成長痛通常是一早上起床完全沒感覺，能夠正常的活動，但到了傍晚、睡前或睡眠途中，會出現單側或對稱性的小腿、膝蓋、大腿、腳踝等處的疼痛，疼痛程度不一，有時可能微微地痠疼，有時可能很劇烈。不過，成長痛並不會持續太久，多半一小時內就能緩解，第二天睡醒也不會有影響。

腳痛別緊張，先排除其他可能原因

當孩子「腳痛」的時候，千萬別覺得忍一下就過去了，而是應該正視這個問題，並排除其他會產生疼痛的可能性，再來判斷孩子的痛是不是屬於成長痛。因為成長痛的感受非常的主觀，孩子形容起來通常很模糊很難具體，根本連明確指出是哪裡在痛都有困難了，更別說要他說「有多痛」或「怎麼痛」了。即便如此，也不要忽略孩子的疼痛問題，以防錯過其他的疼痛原因，好比外傷或發炎，要是沒有給予及時處理，可能會使疼痛加劇。

愈小的孩子，愈要耐心地、一步一步地引導他。不妨試著跟孩子一起釐清疼痛的感覺。**如果是外傷或發炎所造成的疼痛，通常可以較明確地指出特定部位。**若孩子指出特定部位，爸媽就可以進一步觀察外觀，成長痛發生時，並無法從皮膚看出任何變化，但若有發炎或外傷，通常可以看到紅、腫，觸摸起來會有熱感，按壓時則會增加疼痛程度。

觀察發作的頻率、發作的時間、是否是對稱性的發作、有沒有持續性的疼痛等，都是家長應該多費點心的部分。若是發炎或外傷造成的疼痛，並不會一陣子之後就自行緩解。相反地，成長痛雖然在發作時會感到極度的不舒服，但消失之後，孩子走路、跑、跳、行動都能正常進行。

臨床觀察發現，除了成長痛之外，孩子腳痛最常見的原因是「代謝產物堆積」。一旦孩子的運動量大，在過度活動後或發育過程中，組織代謝產物過多，便會引起乳酸的堆積，也會造成明顯的肌肉酸痛。就像是沒運動習慣的人，假日突然去爬山，隔天出現的「鐵腿」現象。所以，當孩子腳痛時，不妨想想（或問）孩子白天或前幾天是不是跑步跑地比較久、從事比平常劇烈的運動，或做了不同以往的活動。

10分有效的溫水浴足和熱敷

許多家長認為成長痛是和孩子缺乏鈣質有關。事實上，成長痛與鈣質多寡並無關聯性，鈣質攝取充分的孩子也可能出現成長痛，所以補充鈣片並不會緩解或防止成長痛的發生。不過，像案例這樣痛到哭的孩子，臨床上真的遇到不少。當可能造成疼痛的原因，包括創傷、發炎、腫瘤都排除以後，孩子還是覺得疼痛難耐，爸媽可以跟孩子一起用生活化的方法來面對。

10分鐘見效的溫水浴足或熱敷

適當地利用局部熱敷的方式來緩解疼痛，其實方法很簡單。在孩子感覺疼痛的部位用熱毛巾或暖暖包溫（熱）敷個10分鐘，不怕麻煩的話，就用小水桶或臉盆盛一桶溫熱的水，讓孩子以溫水浴足的方式浸泡10分鐘。

按摩委中穴、承山穴

穴位按摩有舒緩「生長痛」的效果。試著幫孩子按摩位於膝窩的「委中穴」或位於小腿肚的「承山穴」，皆有助改善成長痛。

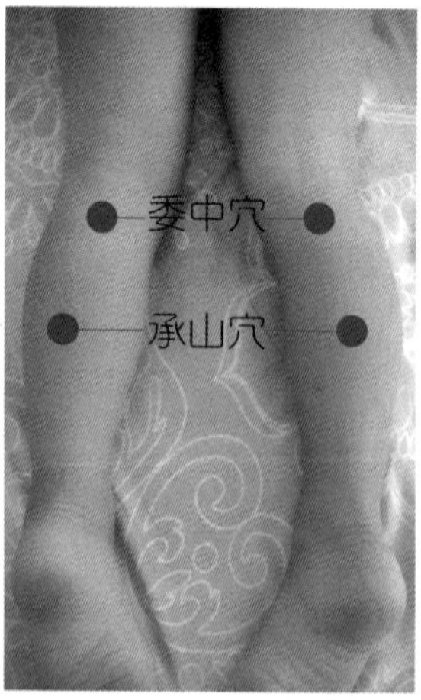

熱敷按摩都無效，搭配中藥物治療

要是像案例提及一般，反覆疼痛很久，而且使用外用熱敷或按摩穴位都無法達到有效緩解的狀態時，從中醫的角度會從「肝主筋，脾主肌肉」的角度去思考，並適當地應用具有「柔肝、緩急、解痙」的藥物，配合孩子本身的體質辨證後再處理，也可以得到不錯的療效。

29

「發育好」可能不是好事（性早熟危機）

媽媽帶讀小三的莉莉來門診，不知道她是不是新聞說的「性早熟」。原來，媽媽一年多前就發覺莉莉胸部微微隆起卻不以為意，直到兩週前發現莉莉長了陰毛、胸部明顯發育、整個人抽高不少，媽媽才開始擔心：「怎麼會這樣？」

我的孩子有「性早熟」嗎？

近年來，很多孩子不只思想早熟，連生理發展也跟著早熟。當提早發育的孩子愈來愈多，父母心中的問號與擔憂也愈來愈多。**「性早熟」顧名思義指的是「性徵提早成熟」，也就是孩子提早出現青春期才會有的變化。**以目前醫學上的定義，女孩在足八歲前、男孩在足九歲前出現第二性徵，便可以歸於性早熟的範疇。臨床觀察上，在小四前有第二性徵發育，都算是有性早熟的可能性。雖然說提早發育的速率每人會有差異，但普遍而言都是偏快（前面長得很快，也很快就長完了）。要是發育的早，卻沒長得特別快時，大部分是因為孩子睡眠或營養不足，以至於「應該長高卻沒長身高」，而誤以為孩子一切正常。

第二性徵男女有別，女孩包括胸部隆起、因乳腺發育而感到疼痛等乳房發育現象，或出現陰部分泌物甚至初經。男孩則表現在變聲、長鬍鬚、睪丸與陰莖變大等。另外，皮膚長痘、長腋毛、長陰毛，或某段時間身高突飛猛進（一個月長高將近一公分），都暗示著孩子可能提早進入青春期了。

性早熟的原因很多，最棘手的是腦部或其他器官實質病變，導致不正常賀爾蒙分泌，讓孩子提早進入青春期。因此，當懷疑孩子有性早熟傾向，最好要到兒童內分泌科做詳細評估，排除器官實質病變的可能性，並配合專業醫師進行治療。

除此之外，在生活作息、飲食、睡眠、運動量上，可能都需要調整。先找出病因，並排除實質器官病變的可能，才能以正確的方法處理提早發育的情況。

【兒童性早熟的生理表現】

男童性早熟
（在 9 足歲前有以下現象）

女童性早熟
（在 8 足歲前有以下現象）

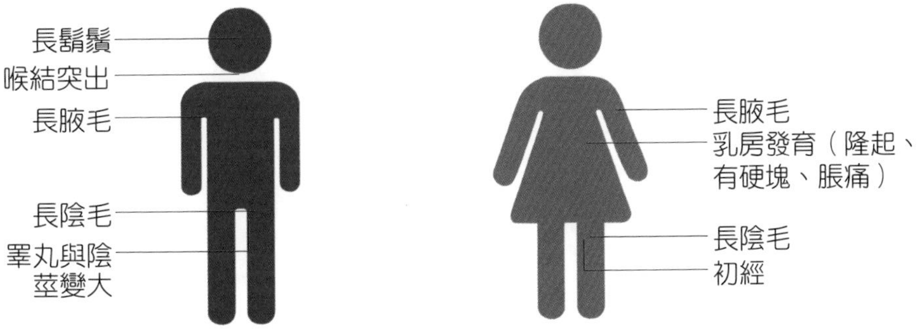

這些可能都是提早發育的催化劑！

性早熟個案在經過詳細評估檢查之後，若沒有發現身體上實質器官的病變，則可能與遺傳（爸媽或其中一方以往也發育較早）**或相對肥胖有關係。除此之外，生活環境**（如經濟、家庭、人際或課業上的壓力）**影響，也可能在無形之中導致孩子的提早發育。**環境因素的涵蓋層面很廣泛，像是近年來為人所熱議的環境荷爾蒙（如塑化劑）、殘留在動物體內的生長激素與非當季水果的催熟劑等，以上都可能是使孩子性早熟的元凶。

要防止「外來」或「人工」的賀爾蒙對成長的干擾，就要盡量少吃注射賀爾蒙長大的雞鴨，與透過注射藥物而能一直泌乳的乳牛或其乳製品。另外，隨手就可以買到的速食、鹽酥雞、洋芋片、焗烤類等高溫高油高熱量的食物，易造成體內的脂肪囤積、助長火氣，是過重與肥胖的根源，更是使孩子體內分泌紊亂的罪魁禍首之一。怕孩子營養不足而「惡補」來路不明的藥品或營養品，也可能讓孩子攝入過多的賀爾蒙或激素。

聽起來，性早熟的幫凶好像無所不在。面對這種情況，爸媽不須要過度恐慌，但也不能過於忽視，既然已經知道危機來自生活中，就從此把關吧。當然，避免繁重課業、苛刻教導的高壓環境，減少各式3C產品或聲光刺激，協助孩子養成早睡、多運動、多接受陽光曝曬的習慣，都是迫切必要的。最重要的是，隨時隨時留意孩子生長速度的變化與第二性徵的發育狀況，這樣一來，「性早熟」自然不會趁虛而入。

先長大有什麼關係？當然有關係！

有人可能覺得很奇怪，「青春期是孩童轉變成大人的必經過程，早點報到有什麼關係呢」。這關係可大著了呢。先撇開性早熟不說，青春期對孩子所帶來的改變不僅是生理上的，還有心理上的，在孩子年紀還沒到、還沒做好心理準備，便被迫提早迎接青春期的到來，面對接踵而來的困惑與煩惱。所以務必正視孩子性早熟的現象，若確診為性早熟，其中兩點需要爸媽多加留意。

生理上，連帶出現長不高的問題

性早熟的孩子因為性激素提早分泌而開始發育，短時間內骨頭成熟度加速，可能會比同齡孩子高，但同時導致骨齡超過實際年齡，以致骨頭生長板提前閉合，讓生長期縮短或停滯，最後反而身材矮小。除非家長與孩子本身完全不在意身高，否則應該同步重視這個問題，盡早治療。

心理上，因「與眾不同」而產生衝擊

性早熟帶來的心理衝擊，恐怕比生理上的變化大上許多。其中包括因為自己生理發育明顯，而遭遇同儕的嘲笑，甚至覺得自己「異於常人」，感到壓力大、異常緊張、自卑等，心理層面的影響若沒有妥善處理，恐怕造成更嚴重的問題（如青少年性犯罪）。爸媽應該主動給予關懷與傾聽孩子的心聲。

30

只要青春不要痘

樂樂上國三後，課業壓力驟增，熬夜導致睡眠驟減，加上常外食，青春痘如雨後春筍般冒出。

媽媽聽隔壁張阿姨說吃黃連有效，自行購買了黃連粉給樂樂吃，吃了幾次，痘痘變得沒那麼大顆那麼紅，但變得要更久才會消⋯⋯。

為什麼青春期容易長痘痘？

青春痘的正式名稱為「痤瘡」，屬於一種毛囊疾病，包括丘疹、膿皰、囊腫、結節等不同形式。當毛囊開口角質化異常，加上過度皮脂分泌，以致毛囊阻塞。若毛囊阻塞後，使得局部的厭氧痤瘡桿菌大量繁殖，誘發毛囊發炎，使得外觀看起來又紅又腫，就是俗稱的「青春痘」了。若是沒有發炎狀況，就會形成俗稱的「粉刺」，粉刺又會因為開口有無，使外觀呈現的顏色不同，分為黑頭粉刺（有開口）與白頭粉刺（沒開口）。

到了青春期階段，因為皮膚的油脂分泌較多，加上這段期間多半課業壓力變大，生活作息跟著不正常，就會狂冒青春痘。青春痘好發部位可不只有臉部，也常發生在皮脂腺較為豐富的胸口、背部、頭皮，甚至臀部。不過，有超過九成的人，在青春期過後，仍飽受青春痘困擾。因為造成痤瘡（也就是青春痘）冒不停的原因，往往是多重的，不僅是皮脂腺分泌旺盛而已，這就是為什麼在治療時，必須多管齊下。造成痘痘長不停的原因，可以歸納為以下幾個。

內分泌波動

舉凡壓力、熬夜、高熱量高糖分飲食、青春期、月經週期前後等，都會造成內分泌波動，進而影響皮脂分泌，促使青春痘滋長。

保養品、化妝品選用不當

要選用適合自身膚質的保養品與化妝品。不夠保濕、太油、過多的添加物等，都會加重青春痘問題。

清潔不當

洗面乳應選擇溫和型的，並依照皮膚狀況每日使用1～2次，過度清潔反而會導致皮脂分泌失衡。使用化妝品、防晒油後應清洗乾淨。

空汙問題與環境潮濕

臺灣一年中濕熱氣候占了大半，再加上日益嚴重的空氣汙染問題，過多的粉塵和髒空氣，容易阻塞毛孔。

藥物

某些藥物會誘發青春痘生長，如抗結核藥（INH）、抗癲癇藥（Dilantin）、男性荷爾蒙、皮質醇、溴化物、鋰鹽、抗甲狀腺藥物等。

讀懂不同部位痘痘想傳達的警訊

就中醫的觀點而言，肌膚是反映體內臟腑健康與否的重要指標，所以青春痘的發生，有時也反應了一個人的健康狀態。當痘痘冒的位置不固定或總是遍布全臉的話，確實是全身性問題或皮膚照護不良所造成。

不過，要是青春痘長時間或反覆地發作於某個特定的位置，就得提高警覺了。這可能不是「皮膚不好」這麼簡單，而是意味著身體某些特定功能的失調。這時，除了皮膚的照護或治療要積極做好，更應該要從內調理臟腑的失調，才能成功根治痘痘。

額頭

痘痘冒於額頭者，在中醫屬於心。通常是熬夜、精神壓力大所造成的。想要改善的話，調整不規律的作息絕對是不二法門，早睡早起，別開夜車而讓器官跟著加班、增加身體負擔。另外，要找到自身的壓力根源，藉此調整自己的心態，下課後或睡覺前找一項自己喜愛的活動，做為卸除一日壓力的儀式，像運動、泡澡、聽音樂、打毛線等。

鼻頭、鼻翼、唇周

出現在鼻頭、鼻翼、唇周的痘痘，主要代表脾胃濕熱。這多半是飲食沒有節制，導致腸胃功能失調，甚至是早有胃酸過多、胃痛等問題。除了檢視並調整飲食，保持適當運動也可以防止濕熱鬱積體內。

下巴

下巴的痘痘多與排便或生殖內分泌相關。有的女性冒痘時間，往往和月經週期重疊。此外，腸胃蠕動慢、解便不暢，也會讓下巴痘痘反覆發生。

雙頰

長在兩側臉頰的痘痘，則屬於中醫說的肺或肝問題。像是容易在持續過敏、重感冒、久咳不癒屬肺熱時出現，此時則應針對過敏或咳嗽做積極的治療，痘痘就會自然改善。

若是伴隨容易生氣、壓力大、情緒抑鬱等，則屬於肝火旺，除了減少吃容易上火的食物，適時的情緒宣洩也是很重要的，平時也可以搭配菊花茶清宣肝火。

【痘痘生長部位反映的身體狀況】

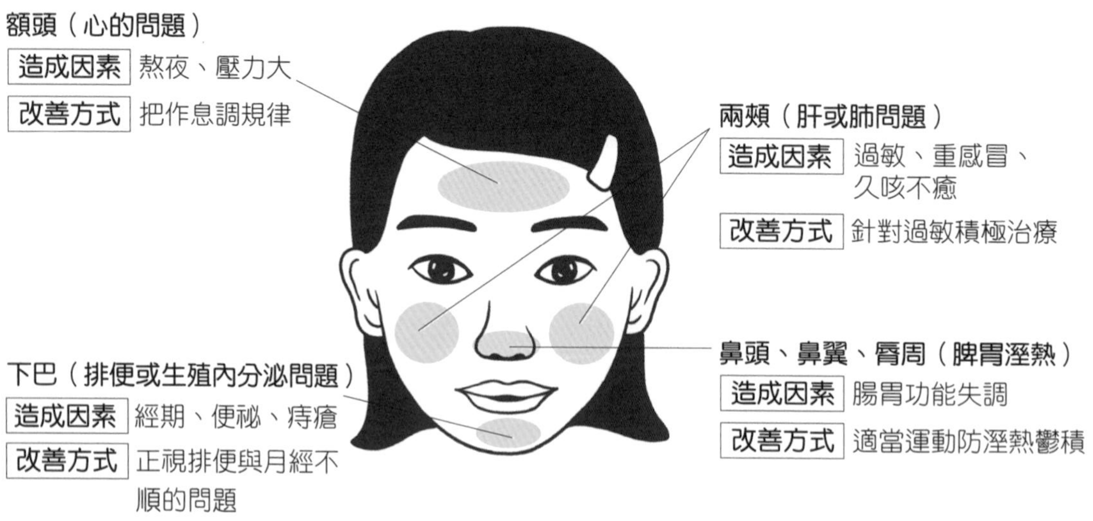

先管住嘴巴，才能戰痘成功

就中醫的觀點來看，長痘痘是濕熱鬱積在皮膚的表現。濕熱的來源很多，包括氣候的潮濕悶熱、飲食的膏粱厚味（指油膩、烤炸、重口味、甜的食物）等外來因素。

若偶一為之，身體自能平衡排出，但若長期如此，恐怕使濕氣排出困難，積留體內。再加上飲食過度冰涼而傷了脾胃之氣，或作息不正常、少動多坐、熬夜、大便不暢、飲水量少、壓力大、青春期血氣方剛等，身體的火氣便會更加旺盛，無疑是在火上加油了。

【造成體內濕熱鬱積的外在因素】

[環境]
潮溼悶熱的氣候

[飲食]
油膩、甜食、烤炸辣食物

[作息]
少運動、熬夜、久坐、壓力大、便祕

[習慣]
吃太飽、愛喝冰冷飲料、水喝少

想要戰痘成功，嘴巴要先管得住。首先要避免油膩、烤炸的食物，並少喝冰涼甜膩的飲料。在氣候濕熱的季節，適時適量地攝取綠豆、薏仁、冬瓜、絲瓜、苦瓜、蛤蠣等利水退火的食物。其中，冬瓜皮和薑皮的利水力道更強，燉湯時，不妨洗淨後加入一併熬煮。過於寒涼的西瓜、青草茶，與多人熟知的治痘偏方黃連，則須要酌量食用，因為過於寒涼的食物雖然可以達到退火功效，卻容易傷脾胃，初期可能快速見效，長久下來，反而會讓痘痘問題纏綿難癒。

中醫在治療青春痘時，會以「清熱除濕」為主，內服外用都會進行。像真人活命飲、五味消毒丹、甘露消毒丹等，都是常用的內服方藥。但是若屬於色暗質硬、經久不消的痘痘，有時就會加強補氣活血，幫助托瘡外出，消腫排膿的藥方，像是托裡消毒飲。外用的話，又紅又大的痘痘，就使用蘆薈凝膠清熱消炎。質硬色暗或膿已排出後的復原期，便會使用紫雲膏，活血化瘀，幫助傷口復原，減少疤痕的產生。

31

女孩成熟時

剛升六年級的琪琪在上星期初經來了。

媽媽帶著琪琪到門診，說：「阿嬤一直催我煮些轉骨方給他補一下，可是我也不知道他到底需不需要？另外，琪琪現在才 150 公分，好像有點矮，吃轉骨方可以幫助她長身高嗎？」

變成女人之後，身高就此打住？

女孩的青春期，大部分會從乳房發育開始，而後陰毛生長，接著月經到來。初經報到也宣告著「小女孩要變成女人」了。這段時間，孩子的身高會有明顯的增加，皮膚分泌的油質也增多，因而會出現粉刺、青春痘等。除了外表與身形的變化，心理也是成長ING。變成女人的女孩會愈來愈愛美、喜歡打扮自己，也愈來愈有自己的想法。這個階段的女孩（人）正在重新認識自己，並努力地適應與習慣生理上與心理上的重大變化。

家有進入青春期女孩的爸媽，不只要為孩子愈來愈勇於表達的「異見」傷腦筋，臨床上，最常見到家長在女孩初經來潮後，針對身高問題尋求協助，因為太擔心孩子會不會像大家說的「月經來之後，就不會再長身高了」，或希望醫師能開一些「特效轉骨方」給孩子吃，畢竟能長多少是多少嘛。其實，女孩能明顯長高的兩個黃金關鍵期，除了嬰兒時期外（一歲之前可以長18～22公分），就是青春期了。不過，並不是在月經來之後。

女孩的青春期可能持續幾年，在這個階段，**身高增長最好最明顯的時機點，是在「乳房開始發育」之後，一直到初經來臨**。初經來臨，並不是意味著會馬上停止長身高，只是身高增加的幅度與速度，都會明顯趨緩許多，就不太可能「抽高」了。

所以，關心並留意孩子的發育狀態是必要而且重要的，這樣才能把握長高黃金期，維持均衡飲食、足夠睡眠、適量的跳躍運動，或在孩子身高似乎有點緩慢時，及時尋求協助與評估。千萬不要等到初經來了，才曉得要擔心身高問題。

【女孩生長發育的順序】

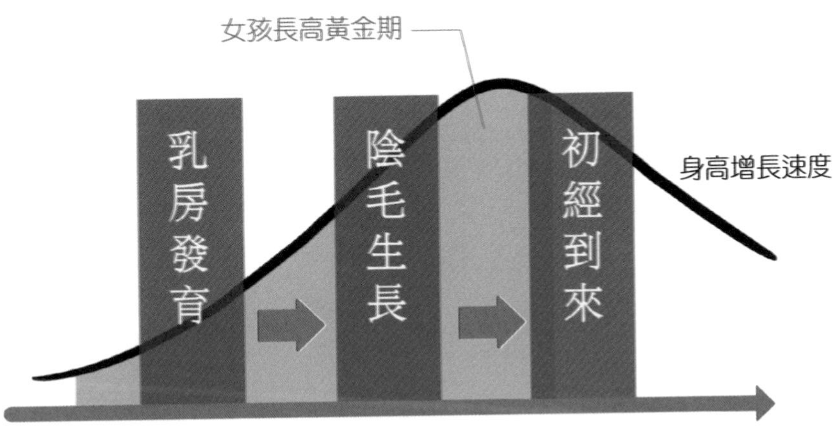

初經報到後的注意事項

初經是女孩長大的象徵，在未來數十年的日子裡，幾乎每個月都會出現在女孩（人）的生活中，學會坦然地跟「月經」成為「好朋友」，絕對是女孩成長過程中的一門重要功課。女孩初經剛報到的那段時間，週期多半非常不規律，往往來了第一次之後，隔了半年才來第二次，但也有人是隔十多天就來第二次。要不然就是有時候只來三天，有時候卻滴滴答答延續十多天。

初經報到後的前一兩年，由於內分泌系統尚未穩定，月經不規則多屬生理範圍。爸媽都不用太慌張，除非經量太大或有明顯不適才需就醫。只要協助孩子記錄每次月經來的日期、天數、經血顏色、血量、型態或不適症狀。提醒他隨身攜帶衛生棉墊，還有無論量多量少，每1.5～2小時就要換一次衛生棉墊，並選擇符合不同時期經血量的產品。此外，在月經期間，若無特殊不適，可進行適當運動，不要太過劇烈即可。運動有助氣血流動，幫助經血順暢排出。經期前後要避免吃冰涼生冷的食物，盡量有充足睡眠，才能每個月都順利度過。

32

男孩成熟時

媽媽帶著剛升國一的阿強來門診，提到「阿強最近聲音變啞，鬍鬚變明顯，是不是該準備轉骨了」。

我幫阿強做了檢查與評估，初步確認阿強的確進入青春期，的確是可以依照阿強的體質，來做些身體調理，同時「轉骨」了。

男孩的蛻變藏不住

男孩青春期多是從生殖器的發育揭開序幕，如睪丸變大變黑，接著是陰毛、腋毛的生長，而後聲音會慢慢地趨於沙啞、低沉，喉結突出、長出鬍鬚等。男孩與女孩的發育有點不同，大部分女孩的第二性徵發育，有明確的三個階段（乳房發育→陰毛生長→初經到來），而男孩在生殖器發育、陰毛生長後，接下來的變聲、喉結突出與長出鬍鬚等第二性徵，不太有固定的出現順序。因此，每位男孩在轉變成男人的過程中差異性相對大。不過，**只要鬍鬚出現、喉結突出、聲音變低沉等，大多表示這個男孩已經進入發育期一段時間了。**

男孩蛻變的這段時間，心理上轉變所呈現的行為上轉變，大多比女孩更加明顯，更加激烈。有主見，有想法，以同儕為中心，常和父母「唱反調」等，都是這個階段很常見的。所以除了生長發育、功課進度外，也別忘了時時注意他的內心世界，建立好的溝通管道與模式，才能維持良好的親子關係。記得要讓孩子知道，無論如何父母都會陪伴在他的身邊，好讓他度過這段「叛逆期」。

變男人前的長高黃金時機

因為生殖器的變化不容易被發現，所以很少父母能在第一時間掌握男孩的發育，大部份是在孩子聲音變沙啞、變低沉、喉結愈來愈突出、鬍鬚茂密後，才發現孩子已經進入青春期了。當然，這幾個月孩子也會長得特別好，突然抽高，食量也明顯增大。

在進入青春期後，男孩身高一個月可能增加將近1公分，一年可以長到10～12公分。長高黃金時間自睪丸開始發育，到後期完全變聲、喉結突出、鬍鬚茂密階段，約可持續2.5～3.5年，與女孩相比，男孩能生長的時間與空間是相對長的。

【男孩生長發育的順序】

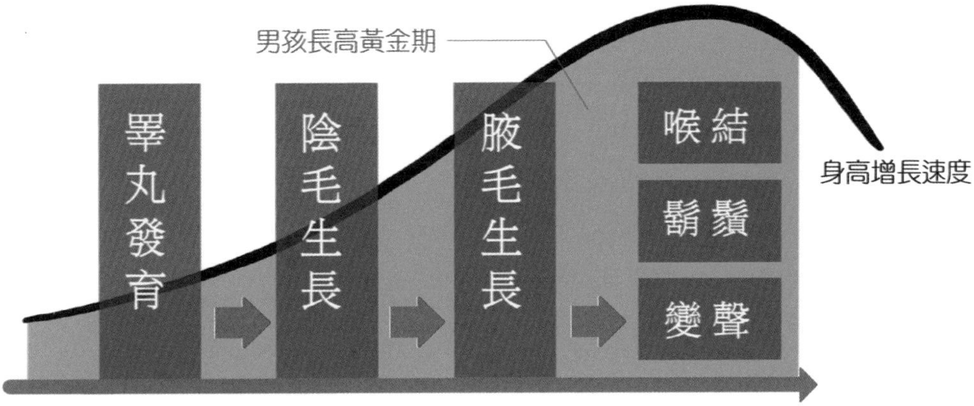

讓人好困擾的「成熟味」

從男孩轉變成男人開始，身上各腺體的分泌也會逐漸增加，不只皮脂腺分泌大量油脂，身體的汗腺也會愈來愈發達，於是，「男人味」就會愈來愈重。雖然是常見的現象，但有不少孩子因此而感到困擾著，甚至害怕流汗，乾脆不運動、不活動，因為每次運動之後，身上總是帶著惱人的汗臭味，臉上的油質與汗液膠著，也讓青春痘變得更嚴重。

其實，**運動可以增加身體各方面的代謝，流汗更可以減少體表油脂的堆積，對於男孩的成熟味困擾，有著大大的幫助**。提醒孩子在運動過後，用清水將臉部清洗過，並隨身攜帶毛巾，順手將身上可以擦掉的汗液去除，只要過個幾分鐘，全身清爽度就會提升了。至於，吃的方面也得多留意，少吃烤、炸、辣的食物，飲食盡可能少油、均衡，也可以讓「男人味」減少許多唷！

第七章
這些問題，中醫有解！

33

不專心，就是過動症？

「菈菈學校老師每天都說她不守規矩、上課愛聊天與走動，而且課業表現不好，考試都倒數的，還說她是過動兒，叫我要帶她去看醫生。但才藝班老師從沒跟我抱怨過類似情形。菈菈到底是不是過動兒？如果是，能看中醫嗎？」

什麼是過動症？過動兒有哪些表現？

大家常說的「過動症」全名是「注意力缺失過動症候群」（Attention Deficit Hyperactivity Disorder，簡稱ADHD），這是一種兒童行為障礙疾病。根據統計，過動兒以男孩占大多數，但不代表女孩就不會發生這種疾病。過動症又可以分為兩種型態，一種是「衝動型」，另一種是「注意力不集中型」。這兩種型態可能單獨出現，也可能同時存在。

注意力不集中型的過動兒愛在上課時（或應該坐在位置上時）到處走動、與同學交談，幾經勸阻可能都沒有效果，另外，還需要花上比別人更長的時間，來完成指定作業，且在課業上的表現通常不佳。衝動型的過動兒則是常與同儕起口角或肢體衝突，因為容易得罪周遭的人，人際關係也比較差。

很多過動兒被發現，是在學齡期（約5～8歲左右）、開始進入團體生活後，由於對遵守教室規範或團體常規出現明顯困難，經老師提醒而確診。不過，大多數有過動症的孩子，其智力發展正常，只是在生活上學習上常常出狀況，往往讓家長或老師感到困擾。

過動症≠不守規矩≠不受管教≠笨

臨床門診遇到爸媽拎著孩子來看診，常常提到學校老師或安親班老師的反應，他們總是說孩子在學校（或安親班）無法遵守規矩、影響上課秩序、干擾其他同學學習，因而強烈建議帶孩子去給專業醫師評估，並看看是否需要透過服藥來改善這些問題。

即使關於「過動兒」的議題愈來愈多，但多數人對於過動兒還是有誤解，甚至有不少人會把不守規矩、不受管教（不聽話）、調皮、搗蛋、學習效果差等，全歸咎給過動症，嚇得很多「孩子比較多話、活潑」，又剛好符合上面情況的爸媽忐忑不安：難道我家孩子真的是過動兒嗎？

其實，即使孩子有以上表現，也並不一定是過動症所引起的，有時候，單純只是孩子的個性。尤其孩子只有在某些特定的狀況或環境下，不受控制，像是只在上某些課程或面對某些老師時，特別愛嬉鬧、愛講話、不專心，就很明顯是「選擇性」的過動，那就可能不是「注意力缺失過動症候群」了。

因為過動症的孩子很多時候是「身不由己」。說穿了，過動兒是連自己本身都無法控制自己的行為與舉動，包括心不在焉、忘東忘西、坐立不安、個性急躁等，所以不太有可能選擇性地去表現。

中醫扮演治療過動症的輔助角色

從中醫角度，除了可以針對孩子的過動或注意力不集中用藥、針灸治療外，也可以扮演輔助治療的角色。有些服用過動症藥物的孩子，會出現食欲不振的問題，當食欲愈來愈差，吃的愈來愈少，久而久之，就會影響生長發育。

此時，中醫藥可以輔助調理孩子的食欲，健全脾胃，避免顧此失彼的情況發生。另外，藉由按摩神門穴、內關穴，也能改善注意力不集中的問題。每天睡前用指腹幫孩子按壓3～5分鐘，不但讓孩子心神情況愈來愈穩定，也可幫助孩子睡眠。

神門穴（手腕橫紋尺側端的凹陷處）

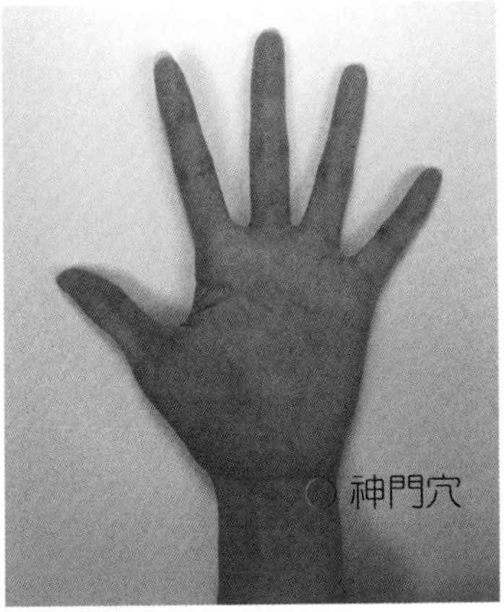

內關穴（手腕橫紋中點往下三指幅處，在掌長肌腱與橈側腕屈肌腱之間）

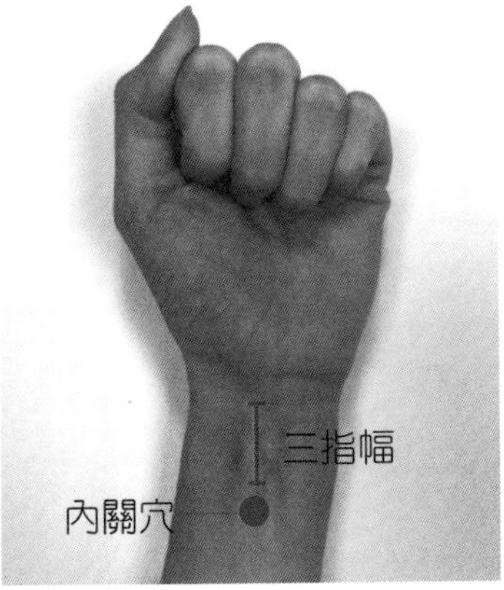

過動兒的照護是需要醫師、家長、照顧者、學校或安親班老師共同配合的。若懷疑孩子有過動兒傾向，千萬別任意幫孩子下診斷，不妨求診「兒童心智科」讓醫師評估。醫師會給家長最專業最即時最符合的建議與治療。

充足且安穩的睡眠，對過動兒來說相當重要。睡眠時間要夠早，最好能在十點半前就熟睡（所以進房關燈的時間就得提早），這不但對於安定神志有幫助，對隔天的精神情況、課業表現也會有所助益。養成良好睡眠習慣的過動兒，在各方面都會愈來愈好。

34

不是有睡就能一眠大一吋！（睡眠問題）

邦邦每天早上都賴床，明明剛睡醒卻無精打采，幾乎每堂課都因為打瞌睡被罰站，天天聯絡簿都被寫得滿滿滿，實在讓媽媽好頭痛。

問診後才了解邦邦每天補習補到很晚，功課寫也寫不完，都好晚好晚才上床睡覺⋯⋯。

為什麼「睡不著」或「不好睡」？

有睡眠問題的孩子很多，至少在臨床上就遇到不少。遇到這種情況，可先思考一下孩子的日常表現，來釐清孩子是「睡不著」還是「不好睡」。有時，主要原因是「白天睡太多」，導致晚上精神特好，自然會出現「睡不著」的困擾。其實，留意孩子白天的睡眠量與活動量，就能改善少部分孩子的夜間睡眠問題。不過，有更多是來自生活習慣或體質因素的影響。

整體來說，還是必須順應大自然「日出而作，日入而息」的節律，陰陽平衡，才能確保身體健康。倘若孩子是躺下後容易入睡，夜間卻經常翻來翻去、睡得不安穩，第一件要注意的事情，就是孩子是否有「過敏」反應，導致鼻塞或鼻涕倒流，進而影響睡眠的品質。或是睡眠的環境不舒服（過冷或過熱）、吃得太飽（腸胃不適）等。此外，瑞典有一項針對約四萬名12～19歲的青少年的研究，發現睡眠困擾的比例會隨著年級增長而增加。所以要針對可能原因進行釐清，才能夠有效地幫助孩子改善，以免問題加重。

多睡覺不只長高，還可以長腦！

充足的睡眠有效促進生長激素分泌。腦垂體分泌的生長激素能促進兒童及青少年的骨骼發育，足夠的生長激素能讓孩子長高。剛出生的嬰兒，一天二十四小時都會分泌生長激素，但一到了兒童期，就變成只有在睡眠時間，體內才會分泌生長激素了。因此，要讓孩子長的快又長的好，充足的睡眠是不可或缺的。研究發現，在兒童睡眠的狀態下，**尤其是夜間十點到凌晨兩點間，釋出生長激素比清醒時高出三倍以上**。讓孩子十點以前就上床睡覺，快速進入深層睡眠，才能有效刺激生長激素分泌。

理想睡眠讓孩子頭好壯壯、提升免疫力。科學證實，睡眠和學習有著密切相關。**良好的睡眠品質對於提升身體的免疫系統，與幫助大腦細胞的發育皆有正面的效果**。睡不好的話，在學習、記憶、神經、荷爾蒙、免疫、心血管等方面，多少都會受到影響。睡眠可以消除疲勞，讓身體的各種機能與器官獲取充分休息，貯存隔日活動所需的能量。

依中醫理論，**晚上十一點到凌晨一點時，人體的氣血走至膽經，凌晨一點至三點氣血走至肝經，這段時間是讓身體休息、排毒的好時機。**長期晚睡或睡眠品質不佳，身體免疫力必然因而降低，甚至導致各種病痛。現代醫學亦指出，白天時人體處於活動狀態，交感神經旺盛，對外的抵抗力較強，夜晚睡眠時則副交感神經功能旺盛，內臟器官處於修復和整頓狀態。

人在熟睡之後，腦血流量明顯增加，可以促進腦蛋白質合成及兒童智力發育，孩子認知功能的維持與記憶力的發展，跟睡眠品質有直接的關聯性。研究發現，兒童每天睡眠充足與否，與學習成績的優劣呈正相關，少睡覺多讀書不見得可以換來比較好的學業成績，睡眠不足的人不及格的比率反而比較高。這是因為睡眠不足，大腦疲勞卻長時間得不到恢復，將導致反應遲鈍、注意力不集中、記憶力和理解力下降。

有睡眠障礙或睡眠時間較短（每晚睡眠少於7～8小時）的青少年，有更高的機會在學業科目表現上不及格。有趣的是，這些睡眠時數少於7～8小時者，在夜晚持續使用網路的比例明顯比睡眠充足者要來得多。也就是說，網路使用成為另一項足以影響孩子睡眠的重要因素。這突顯了現代生活型態導致的問題，無論是睡眠障礙或睡眠時間不足，都可能與就寢前的網路活動有關。若孩子睡前沉迷於網路活動或電視，不妨早點提醒孩子去睡覺，爸媽也要改掉當夜貓族，讓整個家的作息回歸正常。

不只要睡的夠，更要睡的好

睡的足不足夠，通常還是因人而異的。由於每一個人的體質、年齡、身處環境都有差異，所需的睡眠時間，還是有很大的個別差異。若有良好的睡眠品質，早晨起床精神奕奕、不賴床，那麼即使時間稍微少一些，應該也沒有大礙，並不需要過於強迫孩子睡到「飽」，而是要讓孩子睡「好」。至於睡多久才算飽，可以參考「美國國家睡眠基金會」的分析，原則上年紀愈小，需要睡的愈長，隨著年齡增長，孩子所需的睡眠時間漸減。

- 0～3個月「**新生兒**」最理想的睡眠時間是每天14～17個小時
- 4～11個月「**嬰兒**」免疫系統正在建立，睡眠可以提供更多體力，因此最理想的睡眠時間為15個小時
- 1～2歲「**幼兒**」最理想的睡眠時間是12～15個小時
- 3～5歲「**學齡前兒童**」需要高於10～13小時的睡眠，且絕對不可以少於8小時，否則可能會出現行為問題
- 6～13歲「**學齡期孩子**」需要9～11小時的睡眠時間
- 14～17歲「**青少年**」需要至少8～10小時的睡眠時間

為孩子創建一個有利於睡眠的環境。安靜而黑暗的環境最適合，舒適的床墊和枕頭，也是一夜好眠的必備物品。建立睡前儀式，養成睡前放鬆的習慣，如泡熱水澡、穿舒適睡衣、聽舒緩音樂、穴位按摩、講睡前故事，甚至熄燈前的親吻，都能讓孩子感到安全、放鬆而順利進入夢鄉。中醫古籍有云「胃不和則臥不安」，說明腸胃消化不良也會影響夜晚睡眠品質，因此睡前切勿過度飲食飲水，也要避免含咖啡因的飲料和零食。

35

發燒咳嗽小感冒，看中醫也通

「孩子前幾天感冒了，我就帶去診所看診、吃感冒藥，中藥就先停掉沒吃了。」

孩子在治療過程感冒，先停用中藥是正確的，因為症狀有變化，原本處方不一定合適。不過，感冒不見得只能求助西醫，能對證處理的話，中醫療效也很快！

中醫治療小感冒，其實快速又有效！

很多人常以為中醫就是調身體在看的，無法處理感冒的問題，或覺得中藥太溫和了，感冒用中藥治療太慢了。爸媽有這樣的觀念，所以即使讓孩子固定看中醫、吃中藥、調整體質，一遇到感冒症狀，還是習慣先去一般診所就診、拿感冒藥，或直接讓孩子服用成藥。這個觀念並不正確，感冒看中醫也是OK的，而且不是像多數人想的拖很久。

中醫認為感冒是「外邪」侵入人體，外邪指的就是現代醫學說的病毒或細菌，只是中醫會將這種邪氣再細分為風、寒、暑、濕、燥、火等，並依照臨床表現的不同，給予不同治療。這就是中醫治病強調的「辨證論治」。簡單來說，就是依個人症狀表現與體質開立處方，而且隨著疾病的演變轉化來修改藥方。

有孩子因為體質關係，服用西藥常會出現副作用，如服藥後頭暈、心悸、口乾，甚至容易冒冷汗、食欲變差等，本來想藉由藥物改善身體不適，反而更不舒服。臨床上，也碰過吃再多西藥，感冒卻永遠好不了的孩子，他們反覆感冒的情形在透過中藥治療後，竟然根治了，這是因為中醫強調除了要治療外來邪氣，還要兼顧體內「正氣」，也就是免疫力。

孩子病程轉變快，看中醫更能對證處理

孩子處於生長發育階段，臟器發展尚未成熟，感冒出現的症狀與原本的體質屬性有很大的相關性，病程的轉變也會比一般成年人還快速。好比一開始可能只是發燒、怕冷、流清鼻水等，屬於風寒型感冒的輕微症狀，會使用「祛風」「散寒」的藥方來處理。但二、三天之後，往往會出現喉嚨痛、鼻塞、黃濃鼻涕的「化熱」表現，這時，反而需要再加上「清熱」的藥物治療。或有些孩子的腸胃消化系統天生就比較虛弱，一感冒就拉肚子，碰到這種個案時，處方就必須加上兼顧腸胃道保健的藥物，才能夠讓孩子好的快又舒服。孩子的體質比較虛的話，一味的服用西藥，可能只是治標不治本。

中醫把這類的虛損細分為氣虛、陽虛、陰虛、血虛等，在治療時，會視各別的虛損狀況，分別給予針對性的處理，而不是每一種型態每一個孩子的進補藥物都一成不變，同時，在治療外邪與扶正藥物劑量的比例調配，都會視病人感冒嚴重程度與其正氣虛損的情形，進行多方面的考量。

特別想要提醒家長的是，不要在孩子處於感冒階段的時候，任意讓他服用其他中藥材，如人參、黃耆、當歸等補益性的藥物，而是應該在請教中醫師、找到感冒的屬性之後，才能更謹慎的評估，能不能合併服用補藥。唯有這樣治療有方，孩子的感冒才能盡快痊癒。

持續發燒、咳嗽不止，務必就醫檢查

不論是多喝水、多休息的自行在家休養，或看西醫打針吃藥，或前往中醫診所看診等，只要孩子的症狀有日漸好轉，應該都不會有什麼大問題。不過，如果感冒的孩子愈來愈不對勁，還出現以下幾個情況時，爸媽還是輕忽不得，最好趕快帶孩子到大醫院做進一步的檢查，以免因小感冒引起嚴重的併發症，或忽略其他可能的病症，延誤了治療的黃金時機。

出現一些非典型的感冒症狀

當感冒的孩子的活動力明顯變差，而且食不下嚥，食欲持續減退，整個人看起來病懨懨的，即使有充足的休息或已經就醫、服藥了，卻沒有改善的跡象，或出現胸悶、喘不過氣，甚至水腫（可能併發腎臟病變）等非典型的感冒症狀時，就應該盡快到西醫檢查。

持續發高燒，超過一星期以上

與其把發燒看成一種疾病，不如視為一種警訊，提醒「身體有狀況，需要多注意了」。一般發燒多半3～5天，就會自然痊癒，但如果持續或斷斷續續發燒超過一星期，即使是不到38℃的低燒，也要趕快就醫，以免演變成肺炎或中耳炎等更嚴重的問題。

咳嗽咳不停，超過兩星期以上

如果孩子在感冒時有的症狀，像鼻塞、流鼻水等，都已經獲得改善了，唯獨咳嗽沒有好轉的樣子，不論是整天咳個不停，或經常出現夜咳都算，就要懷疑可能是其他疾病所造成的咳嗽，如肺炎、誘發氣喘。這時，就醫檢查才能找出病因，給予恰當的治療。

36

不要把妥瑞症當鼻子過敏

小樹第一次來看診時，頻繁地擠眉弄眼、扭動鼻子，不時發出清喉嚨聲音。小樹媽媽忍不住警告「不要再出聲音了」。

結果，小樹的行為不減反增。媽媽無奈表示「希望治治小樹的『過敏』」。但在我看來，這可能不只有過敏這回事。

什麼是「妥瑞症（Tourette Syndrome）」？

像案例的孩子這樣，常出現類似不規矩又無理的聲音與行為，不只與過敏性鼻炎的症狀（鼻塞、打噴嚏、流鼻涕、鼻涕倒流、反覆咳嗽等）可能有關，也可能是因為「妥瑞症」而做出不自主的動作或發出聲音，像猛眨眼睛、搖頭晃腦、扭動脖子、突然大叫等。孩子雖然不是故意的，卻在無形中嚴重影響學習、人際與生活，不只孩子本身很困擾，家長與老師也常為此感到憂心。全球妥瑞症的發生比例其實不算低，大概每200人就會有1位。國內以男性居多。

妥瑞症由多種不自主、重複性的抽動（tic）所組成。抽動大致可分為兩種，動作型抽動（motor tic）與聲音型抽動（vocal tic），像頻繁眨眼、甩脖子、踢腳、扭動身體等就屬於動作型抽動；頻繁清喉嚨、時不時發出怪聲音、甚至罵髒話等則是屬於聲音型抽動。妥瑞孩子常常併見多種不同的抽動，在病程前後也可能出現不同型態的抽動。另外，妥瑞孩子容易受天氣變化、感冒、緊張、情緒波動影響，讓症狀變得更加嚴重。

由於妥瑞症狀很容易和眼鼻過敏，或肩頸肌肉問題搞混，所以在診斷妥瑞症前，通常會先排除以下因素，以免誤診，甚至延宕其他疾病的就醫黃金時間：

- 慢性咽炎、慢性鼻炎、慢性結膜炎、睫毛倒插等局部發炎現象
- 癲癇發作或抽搐造成的肌肉急遽收縮現象
- 服用藥物後才出現的現象，如某些中樞神經興奮劑等
- 任何的腦部疾患或其他多動性障礙，如亨丁頓舞蹈症、注意力不集中與多動症候群

傻傻分不清楚的妥瑞症與過敏性鼻炎

有些妥瑞症孩子的抽動型態，如眨眼睛、擠鼻子、倒吸鼻涕和發出清喉嚨的聲音等，與過敏性鼻炎會習慣性表現的動作很類似，而且兩者都會因為天氣的變化或感冒產生症狀上的波動而反覆發生。加上不少妥瑞症孩子同時併見有鼻子過敏的情形，因此常會讓爸媽混淆，搞不清楚孩子現在到底是什麼狀況？

確實，是鼻子過敏，還是妥瑞症，真的很難第一時間馬上精確分別，不過，可以從孩子生活中伴隨的某些症狀表現、容易發作的時間點、症狀加重的環境或時間（加重因子）、症狀趨緩的環境或時間（減緩因子）等，來做比較與區分。

	妥瑞症	過敏性鼻炎
症狀表現	可能頻繁地出現其他的抽動（tic），如聳肩、轉頭、點頭、踢腳、扭腰或發出聲音	可能出現呼吸道感染的相關症狀，如鼻塞、打噴嚏、流鼻涕、鼻子癢
發作時間	沒有特定的發作時間	有特定的發作時間，如睡覺前或早上起床時
加重因子	壓力、緊張、情緒波動、頻繁被提醒時、天氣變化、感冒	氣候因素（如溫差大）、環境因素（如灰塵、空氣差）
減緩因子	旁人不刻意提醒、或不過度在意時，症狀通常會減緩	天氣穩定、戴口罩、圍圍巾或做呼吸道保護措施後，症狀減緩

盡早區分出是「妥瑞症」或「過敏性鼻炎」，對孩子的後續治療有絕對的幫助。即使是兩種病症合併出現，還是可以藉由觀察孩子的舉止與表現，透過專業醫療建議，制定治療的先後順序。以中醫的觀點來看，妥瑞症的表現歸於「風」與「痰」的範疇，在治療上多會以「息風」與「化痰」為主，經常使用鈎藤、蟬蛻、半夏、厚朴等中藥物。不過，實際的治療成效還是會因人而異，其影響因素主要包括個人體質、生活作息與外在環境。

相信孩子不是故意的，幫妥瑞兒放輕鬆

「妥瑞真的不是孩子的錯！」妥瑞兒也不喜歡自己總是「出其不意」帶給旁人驚嚇，只是他也無法控制自己，而且愈在乎，似乎愈嚴重。多變又多樣的表現方式，讓妥瑞兒本身與家長時時感到困擾萬分。在人多的場合時，很多爸媽（或照顧者）會因為妥瑞兒的行為感到尷尬，進而透過斥責、體罰的方式來使他們停止，尤其在看見周遭親友、路人投射的異樣或關注的眼光時。

其實，過度的提醒與強硬的制止，改善妥瑞兒行為的效果真的非常非常有限，還會讓孩子失去自信，面對爸媽感到緊張、恐懼。與其如此，不如適時地忽略孩子的行為，接納他，以鼓勵代替責備，減少孩子的精神刺激，避免情緒波動。必要時，不妨向關注者說明妥瑞症，別人孩子的自尊心與自信心瓦解。

妥瑞症並不會影響智力，也不會造成身體機能的退化。反而是許多妥瑞兒在某些方面擁有極高的天賦，成為音樂家、數學家、工程師者，大有人在，像天才音樂家莫札特就被懷疑有妥瑞症的可能。國內外許多職業運動選手也是妥瑞症患者。除了服用藥物之外，以下幾點也能穩定妥瑞兒的症狀：

- 避免吃含有咖啡因的食物與帶殼海鮮。減少刺激性的食物，維持身體內鋅、銅等微量元素的平衡，可減緩妥瑞症狀發作
- 盡量不去提醒孩子的妥瑞症狀，學習與妥瑞和平共處
- 適量與固定的運動與做家事，讓情緒或壓力有抒發管道
- 避免外來病原菌感染，減少妥瑞症狀加重的因子
- 讓孩子維持充足且優質的睡眠，保持他的情緒穩定

37

身體熱烘烘，孩子中暑了嗎？

「我家孩子這兩天常常吃不下飯，而且全身熱烘烘的，我好擔心他是不是中暑了！」

近年來，因為天氣異常的關係，四季如夏的氣候讓擔心孩子中暑來求診的愈來愈多。暑熱是人體對外來暑氣熱邪反應，因體質不同，症狀也會不同。

案情不單純，陽暑陰暑大不同！

當身體適應不了高溫，就會以中暑的方式來表示抗議。不過，孩子身體發熱，不代表就是中暑，應該要優先排除是感冒、流感等傳染性疾病引起的發燒現象，再來評估孩子是中「陽暑」，還是中「陰暑」。

若孩子因為整天待在大太陽下活動，或天氣溫暖時保暖過度，導致體液減少、細胞脫水，出現皮膚發紅、發熱、乾燥，與食欲變差，頭暈、想吐、不大流汗等症狀，可能是「陽暑」造成的發熱。然而，現在更常見的是因為室內冷氣太強、孩子猛灌冰水等外在因素，以致過度寒涼阻礙了體內的氣血循環，造成發熱卻不流汗、食欲差等表現，就是所謂的「陰暑」了。

因為「陽暑」造成的發熱，可以先把中暑的孩子帶到涼爽通風、有遮蔽物的地方，如走廊、樹蔭下。嬰幼兒階段的孩子則建議採仰臥姿勢，並脫去衣服（或解開衣扣、鬆開衣服）。另外，可以搭配利用濕毛巾來擦拭孩子的身體，幫助他的皮膚散熱。孩子意識清楚的話，則要趕快補充足夠水分（以白開水為佳），必要時，可以飲用淡鹽水補充電解質。而「陰暑」導致的發熱，則要先改善造成過度寒涼的因素例如冷氣或冰水，並適當的補充溫開水。

推拿取代刮痧，緩解暑熱有一套

中暑的閩南語俗稱就是「中痧」，一般人也大都知道刮痧是傳統改善暑熱症狀的方法之一。刮痧是透過經絡的傳導，促進淋巴液血液的循環，與整個身體的新陳代謝，所以不僅能緩解中暑症狀，對於減輕肌肉的痠痛與僵硬，也有不錯的效果。不過，**對孩子來說，刮痧的方式相對刺激，不見得是最好的解暑方式，改用中醫的推拿法，一樣可以緩解孩子的暑熱。**像是「推天河水」與「推脊」等推拿法，都具有極佳的退熱效果，而且操作簡單方便，爸媽隨時都能替孩子處理。當然，要是孩子身體發熱後，出現神經學症狀（如意識改變、呼吸急促等），則建議直接送醫診治。

推天河水

天河水位於前手臂內側的中線位置，起自手掌橫紋，止於手肘橫紋。家長可以利用食指指腹與中指指腹，從孩子手掌橫紋上推至手肘橫紋。同一個方向持續上推100～200回，幫助孩子體內熱氣慢慢退散

推脊

脊就是脊椎。當孩子有中暑現象，可以從孩子後頸部的大椎穴（位於頸椎最高點的凹陷處），由上往下（由頸部往腰部），沿著脊椎輕輕地推到龜尾穴（位於尾椎的最後一節）推個10～20次，退散熱氣的效果也很好。

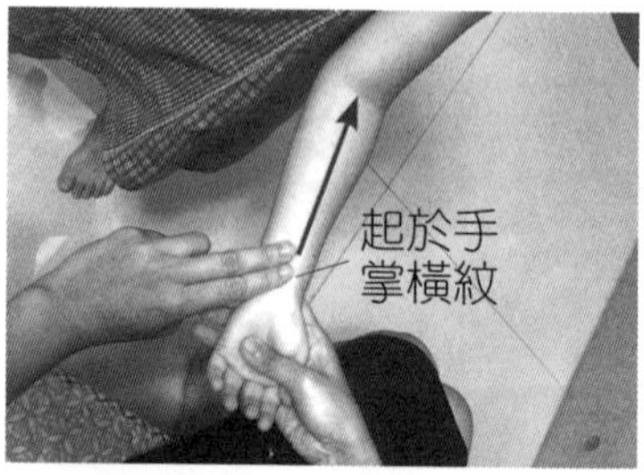

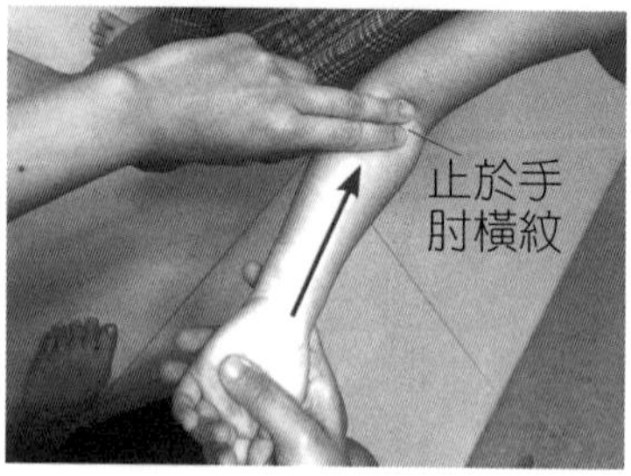

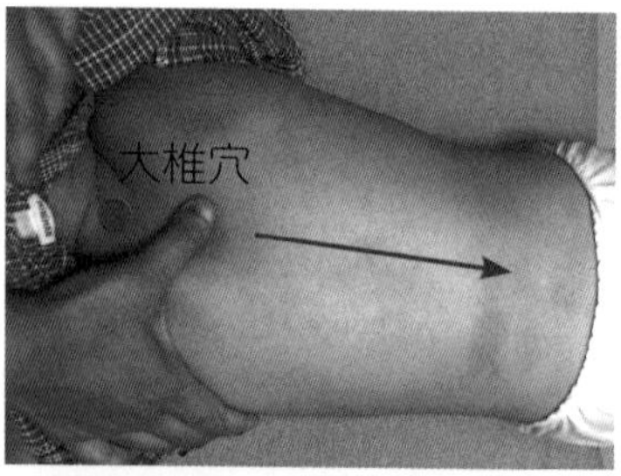

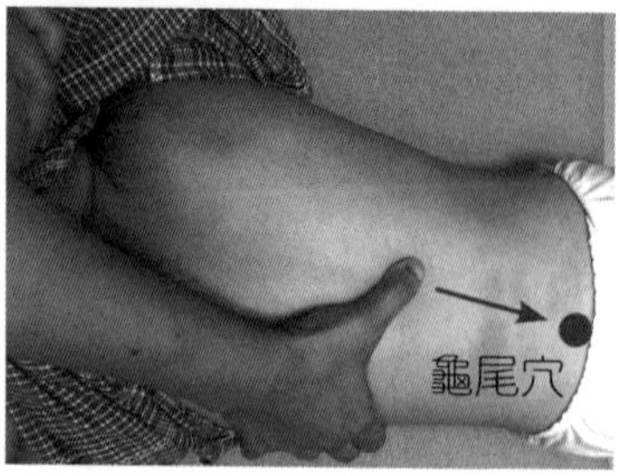

幫孩子「避暑」，可以這麼做！

用「生脈飲」調節身體水分吸收機制

如果是暑熱引起的汗出過多，會造成頭暈或倦怠感，這時，可以透過中藥「生脈飲」，調節身體水分的吸收機制。生脈飲清暑生津保氣，很適合在炎炎夏日飲用，而且大人小孩都可喝。只要將黨參5錢、五味子1錢，麥門冬3錢（口渴狀況嚴重的話，可以用到5錢），放入約2000 C.C.裡的水煮沸，放涼後當水喝，就可以改善體熱或疲倦。

少量多次補水，限制含糖飲料的攝取

在中醫的觀念中，含糖飲料屬於「肥甘厚味」之物，甜膩的飲料會造成腸胃消化功能出現異常，而且含糖量高就屬於高滲透壓液體，會影響身體水分的吸收，反而容易愈喝愈渴。補充白開水最能夠解渴。喝水建議少量多次，才能維持水分的正常代謝，盡可能避免一次灌進大量水分，不然啟動身體的排空機制，很快就會從小便排掉了。

避免在大太陽下進行活動

在天氣晴朗炎熱的氣候時，盡量把活動安排在早晨或傍晚，太陽沒那麼大那麼烈的時候，以減少暑熱對孩子的影響。如果逼不得已要日正當中的時刻出門或待在沒有遮蔽的戶外，一定要做好防晒動作，穿著透氣輕薄且吸汗的衣物，並利用薄外套跟帽子遮蔽烈日的曝晒。

飲食要以清淡、易消化為主

尤其在炎炎夏日，更應該把握飲食宜清淡，容易消化的原則。如果孩子因為暑熱的影響，導致不喜歡吃飯，可以為孩子準備洛神花茶或烏梅汁，兩者都有開胃又清熱的效果。煮紅豆薏仁湯或綠豆薏仁湯當成點心也不錯，這有助緩解暑熱夾濕造成的頭暈噁心。

38

中醫治腸胃炎有寒熱之分

「我家寶貝昨天就開始上吐下瀉，一吃就吐，看了好心疼，吃中藥可以醫治嗎？這段期間我該怎麼照顧他啊？」

看到好不容易養得白白胖胖的孩子，因為急性腸胃炎的折磨而消瘦，任誰都會心疼不已吧！

腸胃炎蠢蠢欲動的關鍵季節

每逢冬天到春天的交際（大概是11月～隔年3月間），便是急性腸胃炎的好發時機，其中又以「病毒性腸胃炎」最常發生。會引起病毒性腸胃炎的病毒種類非常的多，不論是感染哪一種病毒，多半都會導致病患嘔吐或腹瀉。尤其又以新聞報導曝光度極高的「輪狀病毒（Rotavirus）」與「諾羅病毒（Norovirus）」所引發的腸胃炎，對人體的危害與影響最大。

輪狀病毒主要是通過糞口傳染，感染後的潛伏期大約有1～3天。發病初期會先以頻繁地嘔吐來表現，經過12～24小時之後，才會開始出現拉肚子、發燒、腹痛等症狀，其中以腹瀉最纏人，通常會持續5～7天。諾羅病毒和輪狀病毒一樣，也是經由糞口傳染，雖然病毒的毒性不強，感染後致死率也不高，但由於韌性超強，不得不特別留意。諾羅病毒能夠長時間在排泄物或嘔吐物中存活，甚至有些患者已經復原兩週了，其糞便裡仍然存在具有傳染力的病毒，由此可見諾羅病毒的極高傳染性，稍不注意就可能爆發大規模感染。

值得注意的是，比起輪狀病毒引起的腸胃炎較常出現在6歲以下的兒童身上（大人偶爾會被感染），諾羅病毒引起的腸胃炎則是有很高的比例發生在大人身上，以致常見於學校、醫院、補習班、安養中心等人口聚集的密閉場所。其症狀以噁心、嘔吐、腹痛、消化不良為主，有些人會伴隨輕微發燒、頭痛、肌肉痠痛、倦怠、胃痛等現象。

中醫治療會先區分寒與熱

若孩子突然出現腹瀉的情況，家長不需馬上就認定是腸胃炎。不妨先思考一下前一餐或前一天是否有吃到刺激性或不潔淨的食物，因而引起腸胃的不適，並改以清淡飲食來觀察孩子的排便狀況是否恢復正常。當然，如果孩子出現頻繁地拉肚子，噁心嘔吐，或也有其他家人出現相同的症狀，就可能是腸胃發炎，必須要服用藥物來治療。針對急性腸胃炎，西醫會先判別是細菌或病毒感染給予抗生素以及相應緩解症狀的止瀉、止吐藥或益生菌等。

急性腸胃炎以中醫藥來治療，效果也不錯。以中醫的觀點來看，會先將急性腸胃炎的臨床症狀大致區分為「寒」「熱」兩方面去思考。像是有噁心、腹痛、腹瀉急迫、大便味重、容易口渴、情緒煩躁等，通常是體內有「熱」。若嘔吐清水、腹瀉偏水狀且味道不太重，通常體內偏「寒」。此外，腹瀉與體質「濕氣太重」相關。在釐清寒熱後，會搭配使用「散寒除濕」或「清熱化濕」的中藥材來治療，減緩孩子嘔吐或腹瀉的情況。當然，期間還是需要大人協助，替孩子做飲食調整，適量補充水分，並讓他充足休息。

照顧腸胃炎孩子的必備3招

孩子感染腸胃炎時，只要配合醫囑服藥妥當照料，基本上都可完全恢復，不太會有其他後遺症。孩子病程長短不一，主要取決於病毒的種類與孩子自身的免疫能力，短則兩三天，長則可能持續十天以上。因此，罹病期間的照護就變得很重要。以下三妙招不只能減緩孩子的痛苦，還能協助他盡速恢復健康。

補充水分，防止脫水的危機

上吐下瀉會大量流失水分，可能會有「脫水」危險。爸媽可以從孩子的尿量（指尿布重量或小便次數）、哭時是否有眼淚、皮膚是否乾燥缺乏彈性、口腔黏膜是否濕潤等判斷。腸胃炎的孩子應攝取比一般情況下更多的水分，但不建議稀釋運動飲料飲用，因為運動飲料幾乎都是高滲透壓、高糖分，喝了反而增加腸道負擔。若擔心光喝水不夠，可購買市售腹瀉專用口服電解質液，或烹煮加鹽的蔬菜湯、米湯，讓孩子多多補充。

少量多餐，讓腸胃短暫休息

腸胃炎是指胃、小腸或大腸等器官，因為病毒的侵襲而出現發炎現象，所以在罹患腸胃炎的急性時期，孩子只要稍微吃一點東西，就會出現嘔吐或腹瀉的情況。為了讓孩子的腸胃能休息，可以短暫禁食6～8小時，以減少腸胃蠕動與運作。在症狀稍微緩解之後，短時間內飲食仍要把握「清淡烹煮」「少量多餐」的原則，讓孩子酌量進食。給予足夠且均衡的營養，才能讓孩子逐漸恢復活力，產生能對抗病毒的免疫力。

勤洗手，杜絕可能汙染源

病毒性腸胃炎非常容易傳染，如吃到受病毒汙染的食物或水、和病人接觸（和病人共食共飲、接觸到病人嘔吐物排泄物或曾接觸物）、吸入病人嘔吐物排泄物所產生的飛沫等，都有被傳染的危機。臨床上，就常見到孩子得腸胃炎後，爸媽、阿公阿嬤都接二連三感染的。預防傳染的不二法門就是注意個人衛生，尤其大人在處理完病童糞便、嘔吐物或吃東西前，一定要記得洗手，才能杜絕汙染，防止疾病的發生。

【正確的洗手方式與步驟】

濕：把手弄濕

搓：抹上肥皂，手心、手背、指尖及指縫搓揉20秒

沖：把手上肥皂泡沖洗乾淨

捧：用水把水龍頭沖乾淨並關掉水龍頭

擦：把手擦乾或烘乾

（資料來源：衛福部疾管局）

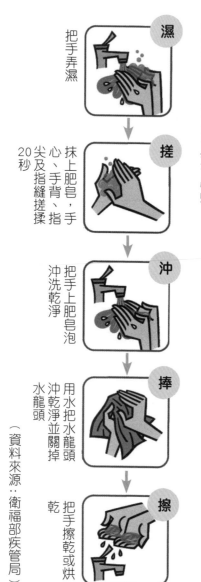

39

家長頭大、孩子尷尬的尿床問題

「從開學到現在，倫倫每晚都尿下去。我被子洗的好辛苦，最近又陰雨綿綿，晒都晒不乾。有沒有辦法幫幫她，也幫幫我啊？」

看著一旁低著頭的倫倫，想必既尷尬又慚愧。媽媽還說，倫倫似乎有點拒學，常哭著說不想去學校……。

讓爸媽傷腦筋的「小兒遺尿」問題

孩子尿床是一件讓家長十分傷腦筋的問題，主要是發生5歲以上的孩子身上。一般來說，隨著大腦功能發展愈加成熟，3～5歲的小孩對於排尿的控制與表達跟著逐漸完善。不過，要是已經過了這個年齡，卻經常發生不自主或有意的解尿於床上或衣服上，就屬於「小兒遺尿」的問題了。

小兒遺尿分原發性和繼發性。原發性尿床指從孩子出生後，尿床情形一直存在，這多半是兒童膀胱括約肌發育遲緩，尚未形成有效控制膀胱收縮的能力，也可能是疾病所致，如先天膀胱括約肌發育不全、脊柱裂、膀胱炎、尿道炎、包皮過長等。續發性尿床則指在停止尿床至少6個月或1年以上，後來由於精神創傷、行為問題，與繼發於膀胱或全身疾病而出現的遺尿情況。

大部分的小兒科醫師對於尿床兒童治療的建議是：不要管它，讓時間去解決問題。也就是說，只要過一段時間，孩子尿床的情況自然會隨著功能成熟而好轉。

即使小兒遺尿每年自然痊癒的個案約有15%，這個問題仍經常造成父母和孩子很大的挫折感，而使得尿床的治療，變得很有必要。

小兒遺尿3類型，療法通通不一樣

臨床上，使用藥物治療、行為矯正和尿床警報系統，皆已被證實對尿床有實際的療效。三環抗憂鬱劑是目前治療尿床最廣泛使用的藥物，但停藥之後的復發機率很高，而且不建議使用在6歲以下的兒童身上。透過中醫療法，小兒遺尿的症狀也能獲得明顯改善。**以中醫的角度著眼，尿液的生成與排泄，跟肺、脾、腎、膀胱等臟腑有關。**簡單來說，這幾個臟腑與水分的代謝或吸收有著重要的關係，如果在過程中，某個環節發生了問題，就容易造成像小兒遺尿這樣，「無法自己控制水分（尿液）從身體流出」的結果。在診療前，中醫會依據尿床時的表現或日常生活情形，釐清孩子的遺尿是屬於哪一種類型，進而針對造成遺尿的原因對證使用中藥，使孩子尿床問題獲得改善與控制。

半夜老是尿床，睡熟就難叫醒

這一類的孩子在半夜有經常性的尿床現象，而且晚上上床睡覺後，一旦進入熟睡後就不太容易被叫醒。白天時，他的臉色通常也不太好，總是顯得蒼白或沒有什麼血色，或手腳摸起來異常冷冰，根據以上這些情況可以判斷，這孩子的遺尿應該是「腎氣不足」所致。一般會使用溫腎的中藥來治療，爸媽平時應該多替孩子注意保暖，並多喝溫開水，照顧好體內循環。

夜半尿床，而且小便又黃又臭

還有一些出現半夜尿床現象的孩子，其小便的顏色經常會呈深黃色（顏色很深），或帶有騷臭的味道。臨床經驗上發現，這類的孩子平時多半個性急躁、容易生氣，或有注意力不集中的問題。此外，晚上的睡眠品質也不太好，入睡之後，常常有磨牙、說夢話、睡不好（翻來翻去、常醒來）的情況，甚至偶爾會流鼻血或嘴巴破。這些可能就是「肝經濕熱」所造成的遺尿。治療會使用清熱除濕的中藥，有這種體質的孩子在飲食上也要特別注意，不要吃到太燥熱的食物像是燒烤、油炸、巧克力與甜食等。

不只晚上尿床，白天也很頻尿

這一類的孩子不僅僅在夜晚容易尿床，白天的小便次數也比一般人多。說起話來無精打采，臉色發黃。平常胃口很不好，大便偏軟且不成形。若有這樣的情況，孩子可能是「肺脾氣虛」所致的遺尿。治療會選用健脾補肺的中藥，飲食上則要注意減少冰品與寒涼食物或飲品。

爸媽在家就能進行的日常療法

大部分有尿床問題的孩子，心理上都會承受著一定的壓力，或根本就是因為壓力而造成尿床。像是一開始提到的案例，很有可能就跟剛上小學的壓力相關。這時候，除了要就醫與進行藥物治療外，爸媽跟孩子進行良好溝通，更是重要。在要求孩子養成良好的排尿習慣時，切忌採取打罵體罰的方式，或嘲笑的態度，反而應該扮演「陪伴」的角色，鼓勵孩子配合治療。因為家長的耐心往往能成為孩子的助力，達到事半功倍的效果。

有些簡單的日常療法，是爸媽在生活中多注意、多費點心思，就能著手進行的。像是注意孩子營養攝取的狀況，適量的補充維生素A、維生素D與牛奶，都能促進孩子的生長發育。食療方面，則可利用黑豆、核桃、芡實、枸杞、淮山藥、白果等煮成湯品，讓孩子服用。

爸媽可以透過按摩的方式，改善小兒遺尿的嚴重程度。讓孩子採仰臥的姿勢，用手掌輕輕地按揉孩子肚臍以下的腹部（大概是小腹的位置），以順時針方向按摩30圈。接著，再讓孩子轉為趴姿，以手掌沿脊柱由下向上（由腰部推往肩部）推揉30次。每天睡前進行按摩，對孩子有很大幫忙。

【改善小兒遺尿的日常按摩法】

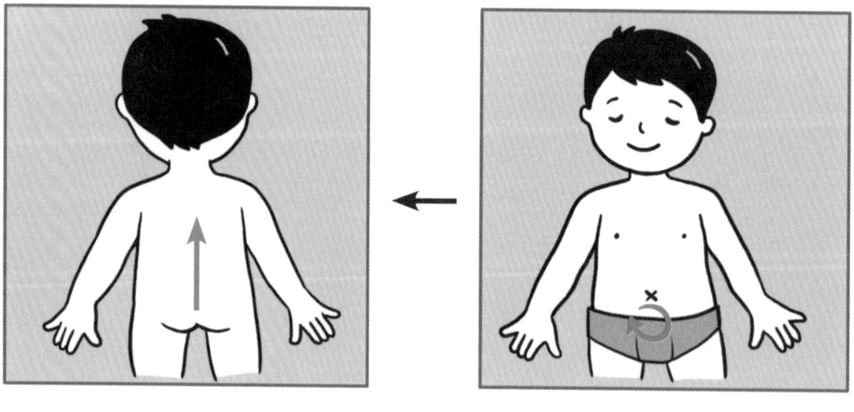

當然，習慣的調整也相當重要。像是留意喝水的時間，盡可能讓孩子在白天就飲用足夠的水量，入夜之後（指每天吃過晚餐之後到上床睡覺之前）則要控制飲水量，也要減少食用水分較多的水果。另外，晚上不要過度活動或劇烈運動，以免影響睡眠安穩度。孩子睡著後，爸媽得多辛苦點，在夜間配合喚醒孩子去排尿，也是在治療期間可能需要的過度安排。

＼＼兒科中醫師的育兒經／／

SR0092

39 個抗疹╳抗敏╳抗流感 吃好╳睡好╳長高高的體質特調生活處方

國家圖書館出版品預行編目 (CIP) 資料

兒科中醫師的育兒經：39 個抗疹抗敏抗流感、吃好睡好長高高的體質特調生活處方 / 黃子玶, 余兆蕙著. -- 初版. -- 臺北市 : 新手父母, 城邦文化出版 : 家庭傳媒城邦分公司發行, 2017.12
面； 公分
ISBN 978-986-5752-55-2(平裝)

1. 育兒 2. 小兒科 3. 中醫

428 106002631

作 者／黃子玶、余兆蕙
文字協力／吳佳玟、高依帆
選 書／林小鈴
企劃編輯／蔡意琪

行銷企劃／洪沛澤
行銷經理／王維君
業務經理／羅越華
總 編 輯／林小鈴
發 行 人／何飛鵬
出 版／新手父母出版 ・ 城邦文化事業股份有限公司
台北市中山區民生東路二段 141 號 8 樓
電話：02-2500-7008 傳真：02-2502-7676
E-mail：bwp.service@cite.com.tw
發 行／英屬蓋曼群島商家庭傳媒股份有限公司城邦分公司
台北市中山區民生東路二段 141 號 11 樓
書虫客服服務專線：02-2500-7718；02-2500-7719
24 小時傳真專線：02-2500-1990；02-2500-1991
服務時間：週一至週五上午 09:30 ～ 12:00；下午 13:30 ～ 17:00
讀者服務信箱：service@readingclub.com.tw
劃撥帳號／ 19863813 戶名：書虫股份有限公司

香港發行／城邦（香港）出版集團有限公司
香港灣仔駱克道 193 號東超商業中心 1 樓
電話：852-2508-6231 傳真：852-2578-9337
電郵：hkcite@biznetvigator.com
馬新發行／城邦（馬新）出版集團 Cite(M) Sdn. Bhd.
41, Jalan Radin Anum, Bandar Baru Sri Petaling,
57000 Kuala Lumpur, Malaysia.
電話：603-9057-8822 傳真：603-9057-6622

封面設計／劉麗雪
內頁插圖／劉亦純
內頁排版／李喬葳
照片提供／黃子玶
製版印刷／卡樂彩色製版印刷有限公司

初 版／ 2017 年 12 月 28 日
定 價／ 360 元
I S B N／ 978-986-5752-55-2

Printed in Taiwan
城邦讀書花園
www.cite.com.tw